Porsche

Alexander F. Storz

Impressum

Einbandgestaltung: Luis dos Santos

Dank und Fotonachweis:
Porsche-Archiv, Jens Torner (266), Archiv Matthias Braun (4), Archiv Storz (39), Wolfgang Diem (1), Hans-Joachim Gilbert (1), Matthias Schmidt (3), Alexander Storz (18).

ISBN 978-3-613-04537-8

1. Auflage 2023

Sie finden uns im Internet unter WWW.MOTORBUCH-VERLAG.DE

Lektorat: Joachim Hack, Joachim Kuch
Innengestaltung: Markus Köllmann, tebitron gmbh
Druck und Bindung: PBtisk a.s. Pribram
Printed in Czech Republic

Porsche

Alexander F. Storz

Motor
buch
Verlag

Inhalt

Pelz-Paul
S-R 2062

Porsche 356 im Kreise internationaler Hochkaräter und Mitbewerber um dieselbe Klientel – wobei diese im konkreten Falle eher Amerikaner waren, denn die Besucher dieser kleinen Präsentation waren amerikanische Offiziere in Westdeutschland. Das erklärt den hierzulande absoluten Exoten links im Bild, einen Cunningham C3 Convertible mit Vignale-Karosserie von 1953. Dem Porsche ins Gesicht blickt ein Brite, ein Aston Martin DB2 (1950 bis 1953), und das schwarze Coupé rechts ist ein französischer Ford, ein Comète V8 mit Karosserie von Facel, gebaut 1951 bis 1953. Das einzige gemeinsame Jahr aller ist 1953, also muss das Foto im 1953er Jahr aufgenommen worden sein, und weil es sich um Neuwagen handelt, sind sie auch alle von 1953. Der schwarze Porsche ist ein 356 mit doppelten Rückleuchten und der Kennzeichenbeleuchtung unterhalb des Heckschriftzuges, gebaut bis Sommer 1955.

Einleitung

Die Ära des alten Porsche 911, von Ur-Elfer und G-Modell, umspannt eine für die Bundesrepublik Deutschland geschichtlich wichtige Periode. Der Anfang des Elfer, das Jahr 1963, und das Ende des G-Modells, das Jahr 1989, bedeuten gesellschaftliche und politische Zäsuren, das Ende markiert sogar einen weltpolitischen Wendepunkt.

Das Jahr des Elfer-Produktionsbeginns ging in die westdeutsche Nachkriegsgeschichte als dasjenige ein, in welchem lieb gewonnene Traditionen zu Ende gingen. Im Oktober trat Konrad Adenauer nach Vorankündigung im April zurück, sein bisheriger Wirtschaftsminister Ludwig Erhard folgte ihm auf den Stuhl des Bundeskanzlers. Eine 14jährige und für das Wirtschaftswunder-Deutschland sehr prägende Ära ging zu Ende. Mit der Steinkohle fördernden Zeche Centrum in Wattenscheid begann das Zechensterben und damit der Niedergang des Ruhrgebietes. 1963 markiert aber auch den Anfang langer Traditionen. Das ZDF ging auf Sendung und seine Mainzelmännchen wurden geboren, in der ARD startete der »Bericht aus Bonn«, den es noch heute als »Bericht aus Berlin« gibt, der traditionelle Silvester-Sketch »Dinner for One« wurde in Hamburg aufgezeichnet. Auch Farbfernsehen erlebte 1963 sein Debüt, der Kassettenrekorder wurde erfunden und Porsche präsentierte auf der IAA im September 1963 den 901, aus dem bald der 911 werden sollte. Es war eine Zeit des Aufbruchs in Wissenschaft, Technik, Wirtschaft und Politik – und die Errungenschaften sollten Bestand haben.

1989 war eindeutig ein Schicksalsjahr in der deutsch-deutschen Geschichte, der Fall der Mauer, der Anfang vom Ende der DDR, der Beginn des langen Wiedervereinigungsprozesses mit all seinen Folgen. Nicht nur das Ende der DDR, auch das Ende des sowjetischen Einflusses auf osteuropäische Staaten und somit die Erosion der UdSSR begann, ein radikaler Systemwandel, der dem »Kalten Krieg«, weltpolitikbeherrschend seit 1947, ein vorübergehendes Ende setzte. In diesem Jahr wurde das Porsche G-Modell vom Typ 964 abgelöst.

Der Porsche 911 bewies Standfestigkeit. Natürlich wurde er mehrmals für tot erklärt – am totesten, als 1977 der Typ 928 präsentiert wurde. Aber er lebt seit 1963, heute genau seit 60 Jahren. Welches andere Automobil kann auf eine 60jährige Geschichte zurück blicken? Gut, der VW Käfer, er sogar auf eine längere. Aber der Käfer lebt nicht mehr, und der Porsche 911 hat noch lange nicht das Ende seiner entwicklungsgeschichtlichen Evolution erreicht. Porsche hält an ihm fest und verspricht, dass er ein traditioneller Verbrenner bleiben würde. Einem E-Elfer erteilt Zuffenhausen eine Absage. Im Koalitionsvertrag der aktuellen Bundesregierung steht zum Thema klimaneutrale Mobilität geschrieben, dass ab 2035 in Deutschland neben Elektroautos nur noch »nachweisbar mit E-Fuels betankbare Fahrzeuge neu zugelassen werden können«. Deshalb beschäftigt sich Porsche mit der Technologie des künstlich hergestellten Benzins, eine umstrittene Technologie und somit eine fragwürdige Wette. Immerhin besitzt Porsche Anteile an einem Projektentwickler für derartige Produktionsanlagen. Mitte 2022 fiel der Startschuss zum Bau des Gemeinschaftsprojektes »Haru Oni« in der südchilenischen Provinz Magallanes, wo mit Hilfe von nachhaltig erzeugtem Strom synthetisches Benzin erzeugt werden soll. Der Elfer soll ein Verbrenner bleiben und eine Zukunft haben. Denn der Elfer ist für Porsche das, was der Käfer für Volkswagen war: Die eigentliche DNA der Firma.

Wo ein motorsportliches Ereignis stattfand, waren die Elfer von Anfang an nicht nur aktiv dabei, sondern auch passiv im Fahrerlager und auf dem Parkplatz. Oftmals waren die Übergänge vom Alltagssportler für die Straße und den Motorsportler fürs Wochenende fließend.

Freundlicher Gruß des Schneemanns an die Piloten der Rallye Heißer Schnee 1974. Der Entenbürzel adelte ab 1973 jeden Elfer. Echt war er nur bei wenigen.

Die Farben der Siebziger: Psychedelisch gestalteter Ausstellungsstand auf dem Genfer Salon 1973 mit Porsche 911, 911 Carrera RS und VW/Porsche 914/4.

Der Anlass für dieses Buch ist der 60. Geburtstag des Zuffenhausener Klassikers. Es behandelt die erste Generation des Porsche 911, also den »Ur-Elfer« bis 1973 mit all seinen Abarten, die verschiedenen Porsche-911-Typen, auch den Targa und den vierzylindrigen Porsche 912, der den Platz des ehemaligen 356 einnahm, und natürlich auch den limitierten Carrera RS 2.7. Der zweite Teil geht auf das G-Modell ein.

In Porsche-Kreisen weiß jeder, was gemeint ist. In anderen Kreisen ist das G-Modell ein geländegängiger Mercedes, der vom G-Modell über die G-Reihe zur G-Klasse befördert wurde. Doch wer sich mit Porsche beschäftigt, der weiß: das G-Modell ist der Elfer der Jahrgänge 1974 bis 1989. Dabei stimmt das gar nicht, und jeder weiß, dass es nicht stimmt. Bei Porsche hat jeder Jahrgang seine eigene Bezeichnung, zunächst in »Serien«, ab 1980 in »Programmen« ausgedrückt. Was landläufig als »G-Modell« bezeichnet wird, ist tatsächlich die G-Serie, wenn wir vom ersten Jahrgang 1974 sprechen, das 1975er Modell ist dann schon die H-Serie, und so geht es bis 1979 weiter, als die M-Serie erschien. Dann der Cut: Porsche sprach nicht mehr von Serien, sondern von Programmen und fing erneut bei A an: Das A-Programm ist der Modelljahrgang 1980 des Porsche 911, mit B, C, D et cetera geht es weiter bis zum K-Programm, dem Modelljahr 1989. Dies ist das letzte des allgemein und auch von uns so genannten G-Modells. Denn im Modelljahr 1989 lief nicht nur das G-Modell aus, gleichzeitig erschien mit dem 911 Carrera 4 der Baureihe 964 auch der Vorbote seines Nachfolgers. Ab Modelljahr 1990, dem L-Programm, gab es keinen »alten« Elfer, also kein G-Modell mehr. Die gesamte Porsche-911-Palette rekrutierte sich aus Vertretern der Baureihe 964.

Nichts Ungewöhnliches, aber dennoch stets ein Hingucker und ein Hinhörer: ein Porsche im Straßenverkehr, hier ein frech geparkter 911 Turbo in Paris im Oktober 1983.

Man kann dieses Foto interpretieren. Eine Interpretationsmöglichkeit ist, dass der alte Ford 17m P7b den weißen Porsche 911 Turbo 3.0 soeben von der linken Autobahnspur per Lichthupe vertreiben möchte. Diese Interpretation ist zwar nicht wahrscheinlich, aber die Vorstellung hat etwas Charmantes. Die Wahrheit dürfte sein: Der Fotograf wartet auf der Autobahnbrücke, die beiden Porsche in Formation kommen in gemäßigtem Tempo an, so dass er eine scharfe Aufnahme schießen kann. Und das stört den Ford-Fahrer. Er hat zu tun, er muss weiter. Links ein 911 2.7 Targa, Foto von 1977.

Dieses ist eindeutiger und lässt weniger Interpretationsmöglichkeiten zu. Vielmehr bestätigt es die banale Erkenntnis, dass der Stau demokratisierend auf die Autos wirkt, weil darin jeder gleich langsam fahren muss. Die linke Spur scheint blockiert, man stellt sich mittig und rechts auf, zu sehen sind neben dem Porsche automobile Alltäglichkeiten des Jahres 1981, Peugeot 504, Mercedes W 123, Honda Prelude, ein alter VW 1600 Variant und ein brandneuer VW Passat B2.

Der zweite Teil des Buches beschäftigt sich also mit dem Porsche G-Modell, dem Straßen-Elfer unter all seinen Bezeichnungen und in all seinen Ausführungen als Porsche 911, 911 Carrera, 911 SC, auch mit seinem kurzlebigen Bruder 912 E, und dem Porsche 911 Turbo. Alle Karosserievarianten finden Eingang, Coupé, Targa, Cabriolet und der Speedster, nicht aber das Thema Porsche-Tuning. Das könnte und würde ein eigenes Buch füllen, lediglich dem Werkstuning auf Kundenwunsch gönnen wir einen Seitenblick. Wir streifen, ebenso wie beim Ur-Elfer, die Sport- und Rennsportwagen à la Porsche Carrera RS und RSR sowie 934, die eng mit dem Serien-Elfer verwandt sind, nicht aber reine Rennwagen, die allenfalls die Silhouette mit dem Porsche 911 teilen. Trotz der konstruktiven und optischen Nähe zum Elfer findet der zu Zeiten des G-Modells entstandene Porsche 959 keinen Eingang. Er ist ganz einfach ein eigenständiges Fahrzeug, zwar ein Zeit- und ein Artgenosse des Elfers, aber eben doch ein ganz anderes Auto.

Handarbeit: Lackierung eines 911 Speedster im letzten Produktionsjahr des G-Modells 1989.

Der Klassiker: Modelljahr 1975, der Elfer als 2,7-Liter-Version, von links Targa, Coupé und Carrera in frischen 70er-Jahre-Farben.

Im Folgejahr 1976 muss ein Turbo mit auf dem Bild sein. Drei Porsche, ein Maschendrahtzaun und ein Kanaldeckel.

1977, das volle Programm mit 3-Liter-Turbo, Carrera, 911 Targa und Coupé. Und ganz hinten, fast verschämt, ein Porsche 924 – so dezent lackiert, dass er ja nicht auffällt.

Weil der Typ 964 optisch (im Vergleich zu seinen Nachfolgern) dem G-Modell noch recht nahe steht und weil er auch noch ein luftgekühlter Elfer ist, lassen wir das Buch mit einem Blick auf den Typ 964 auslaufen, ohne ihm zu viel Platz zubilligen zu wollen. Das Buch behandelt den Ur-Elfer und das G-Modell. Der 964 stellt einen Ausblick dar. Wenn aber eine Nach-Sicht auf die inzwischen auch wieder vergangene Zukunft gestattet ist, so ist ein Vor-Blick auf die Vorvergangenheit noch viel mehr von Nöten. Daher beginnt das Buch mit einem 356-Kapitel. Denn ohne den 356 ist der Porsche 911 nicht denkbar.

Die Literaturlage zum Thema Porsche 911 ist mehr als gut. Es gibt wohl nichts, was noch nicht gesagt wurde. Aber weil das Thema so komplex ist, sind Porsche-Bücher häufig dicke und auch teure Schmöker, und etliche Autoren erheben an sich einen Anspruch der reinen Wissenschaftlichkeit. Diesen Anspruch hat dieses Buch nicht, obgleich es selbstverständlich gewohnt sorgfältig recherchiert ist. Es wendet sich an den Liebhaber und Enthusiasten des Ur-Elfers und G-Modells, der einen profunden Einblick sucht, der die Unterschiede der einzelnen Jahrgänge kennen lernen möchte, einen Adlerblick auf das Fahrzeug erstrebt, sich aber nicht in technischen Kleinigkeiten verlieren möchte. Das Buch nähert sich dem frühen Porsche 911 historisch und emotional, nicht aber technisch. Es ersetzt kein Reparaturhandbuch. Es ersetzt auch keine Porsche-Bibel, aber es ergänzt sie sinnvoll.
Für die Unterstützung bei der Erstellung dieses Buches dankt der Autor Jens Torner vom Porsche-Archiv sowie dem profunden Porsche Kenner Günter Weirich, Dank auch an Jens-Peter Berthmann.

Alexander Franc Storz
Ulm, im März 2023

Auch ein Blick auf den 959 sei gestattet, obgleich er in vorliegendem Buch keine Rolle spielt. Modelljahr 1985.

Kapitel Eins

Kein Elfer ohne den 356: Das erste Kapitel der Porsche-Nachkriegs-Geschichte

Er steht im Schatten des 911ers. Völlig zu Unrecht! Nicht nur, dass der Porsche 911, der Archetypus des Porsche-Klassikers schlechthin, konstruktiv und evolutionär auf seinem Vorgänger 356 aufbaute. Der Porsche 356 an sich war einfach ein fantastischer Wagen. Er begründete den ausgezeichneten Ruf des Hauses, er war der schnellste deutsche Serienwagen der 50er Jahre, ein Rallye-Ass, eine Rundstrecken-Legende, die Dominanz der Bergrennen, er war sexy und faszinierend, ganz einfach ein Objekt der Begierde.

Der erste sportliche Volkswagen, den sein »Vater« Ferdinand Porsche konstruierte, war der Typ 64 von 1939, dazu bestimmt, den Marathon von Berlin nach Rom und zurück zu

Porsche-Männer, Porsche-Köpfe, Porsche-Zeichner: Ferdinand Porsche, Ferry Porsche, Erwin Komenda, Ernst Fuhrmann, Huschke von Hanstein.

gewinnen. Der Kriegsausbruch vereitelte das Rennen. Nach dem Krieg konstruierte Porsches Sohn Ferry im österreichischen Gmünd den Porsche 356, zunächst als Mittelmotor-Einzelstück, dann entstand bis 1950 die erste Generation des Serien-356ers. Zur vollen Blüte reifte er in Stuttgart, wo bis 1966 eine sagenhafte Evolution stattfand über den 356 A, dann B, zum C, heiße Sportgeräte waren die legendären Porsche Carrera.

Hinter dem Porsche 356 stecken Menschen, Ingenieure, große Gehirne. Der Vater des Volkswagens, der Namenspatron des 356, das ist Professor Ferdinand Porsche (1875-1951). Er war in Frankreich interniert, als sein Sohn Ferdinand Anton Ernst Porsche, genannt Ferry (1909-1998), den 356 konstruierte. Erwin Komenda (1904-1966) war der Leiter der Karosserieentwicklung bei Porsche von 1931 bis zu seinem Tode. Der Oberingenieur schuf das Design zweier automobilhistorisch äußerst wichtiger Fahrzeuge. Seinem Zeichenstift entstammen der Volkswagen Käfer und der Porsche 356. Ebenfalls wichtig in der 356er-Geschichte: Fritz Huschke von Hanstein (1911-1996), selbst erfolgreicher Rennfahrer, war der Leiter des Werks-Rennteams von Porsche. Er brachte den 356 auf die Rundstrecke und auf die Rallyepiste.

Der erste offizielle Wagen, der den Namen Porsche trug, war ein Mittelmotor-Roadster. Er kam mitnichten aus Stutt-

Das ist die Number One, der Porsche Nummer Eins. Der Mittelmotor-Sportwagen trägt die Fahrgestellnummer 356-001 und steht heute im Porsche-Museum, allerdings ohne Stoßstangen, sondern mit abgerundeter Front- und Heckschürze.

Gewisse formale Ähnlichkeiten zum späteren Serien-356er sind zu erkennen. Der Prototyp erhielt am 15. Juni 1948 die Kärntner Zulassung K-45-286.

Ganz früher 356: Ein Gmünder Coupé mit Alukarosserie, auf einem Stahlblech-Kastenrahmen ruhend. Dieser Wagen trägt Blinker, es gab auch welche mit Winkern.

gart, und Professor Porsche hatte ihn nicht konstruiert. Denn er saß im Gefängnis, von den Franzosen als Kriegsgefangener interniert. Um den drohenden Bombardements von Stuttgart zu entgehen, war die Familie Porsche in den letzten Kriegsjahren ins österreichische Gmünd geflohen, und dort entstanden unter Ferry Porsches Ägide die Nummer Eins ebenso wie die ersten Serien-356er. Das Projekt 356 startete am 11. Juni 1947, möglichst viele Volkswagen-Teile sollten verwendet werden, das Rückgrat bildete ein Gitterrohrrahmen, das auf 35 PS getunte 1131-cm³-Volkswagen-Aggregat wurde als Mittelmotor implantiert. Erwin Komenda zeichnete die Außenhaut, Porsche-Spengler realisierten sie von Hand aus Leichtmetall. Im Mai 1948 stand die Nummer Eins fertig auf der Straße.

Das Projekt 356/2 wurde der endgültige Porsche 356, ein Coupé mit Heck- statt Mittelmotor und mit Kasten- statt Gitterrohrrahmen. Die Karosserie gestaltete wieder Erwin Komenda. Bei den Gmünder Porsche 356 Coupés entsprach kein Karosserieteil den späteren Zuffenhausener Serien-356ern, und in der Anfangszeit glich kaum ein Coupé dem anderen. Der Kastenrahmen war aus Stahlblech, die Karosserie bei allen Gmünder Coupés aus Aluminium. Neben dem Coupé bot Porsche auch gleich zu Anbeginn ein Cabriolet an. Alle österreichischen Cabriolets tragen eine Außenhaut von externen Karosseriefirmen, (Aufbauten von Beutler im Schweizerischen Thun sowie Ferdinand Keibl und Austro-Tatra, beide aus Wien). Mitte 1950 endete die Fertigung in Gmünd.

In Stuttgart strebte Porsche nach den etwas chaotisch verlaufenen beiden Gmünder Jahren eine geordnete Serienfertigung an. Den Karosseriebau für Coupé und die meisten Cabriolets übernahm der benachbarte Karosseriebauer Reutter, manche offene Wagen entstanden auch bei Heuer in Ullersricht (der westdeutschen Nachfolgefirma des legendären Karosseriewerkes Gläser in Dresden, das dort nach dem Krieg verstaatlicht und in KWD – Karosseriewerk Dresden – umbenannt wurde).

Die Stuttgarter Autos unterschieden sich in wesentlichen Details von den Wagen aus Gmünd: Höhere vordere Haube und Gürtellinie, niedrigere Fensterflächen, eine fließendere Dachpartie, stärker gewölbte Flanken und daraus resultierend breiterer Innenraum, und die Dreiecksfenster in den Türen fielen weg. Das Cabriolet erhielt einen festen Windschutzscheibenrahmen. Diese Modifikationen entstammten erneut der Feder Komendas. Anfang 1950 begann die Stuttgarter Fertigung, einige Monate parallel zur Gmünder Produktion. Die erste Stuttgarter Generation, also die Modelljahre 1950 bis 1952, tragen als Charakteristikum die geteilte Windschutzscheibe, die Modelle 1950/51 sind an den in Bezug auf die Scheinwerfer nach innen versetzten Blinkern zu erkennen. Neben dem 1300er bot Porsche bald einen 1500er-Motor an und machte den Porsche 356 zum Vollblutsportwagen. Höchstgeschwindigkeit 170 km/h, entspanntes Autobahnfahren bei Tempo 150 oder 160 – das war unerhört am Anfang der 50er Jahre.

Gmünder Rohkarosserien aus Aluminium. Aus diesen bevorrateten Aufbauten entstanden später, in Stuttgart, die Alu-Rennsportcoupés, kombiniert mit Zuffenhausener Fahrwerk und Motoren.

Der Karosseriebauer Beutler im schweizerischen Thun kreierte 1949/50 sechs Porsche 356 Cabriolets, zwei mit angedeuteten hinteren Kotflügeln und vier in konsequenter Pontonform, wie das Exemplar im Bild.

Organ und Spender: Zwei frühe Porsche 356 auf dem Firmengelände des Volkswagen-Werkes, inmitten einer Armada fabrikneuer Käfer. Ihrer beider Vater war derselbe.

Die erste Generation der Stuttgarter Porsche 356, Modelljahre 1950 bis 1952, sind durch die geteilte Windschutzscheibe charakterisiert, die nach innen versetzten Blinker des Wagens im Bild identifizieren ihn als Modell 1951/52. Szene von der Internationalen Rallye Travemünde anno 1951.

Zum Modelljahr 1953 hielten zwei neue Motoren Einzug. Der 60-PS-1500er wurde auf 55 PS reduziert, neues Topmodell war der 356 1500 Super mit höherer Verdichtung und anderen Vergasern, nunmehr 70 PS stark, 175 km/h schnell und in 13,5 Sekunden auf Tempo 100. Eine Rakete! Der schnellste deutsche Serienwagen! Damit anheim ging eine verbesserte Bremsanlage und ein neu konstruiertes, vollsynchronisiertes Viergang-Schaltgetriebe (statt der Volkswagen-Schaltbox). Auch äußerlich unterscheidet sich der 1953er 356 von seinem Vorgänger: Die neuen Stoßstangen sind noch weiter von der Karosserie abgesetzt und haben nun Stoßstangenhörner, die beiden runden Heckleuchten fungieren als Blinker, Brems- und Rücklichter. 1954 änderte sich die Front erneut. Die Blinker blieben direkt unter den Scheinwerfern, wurden jedoch von einem Chromring eingefasst, der mit dem neu eingeführten Hupengitter verbunden war. Dahinter verbargen sich lautstarke Bosch-Fanfaren. Ein Porsche wollte gehört werden. 1954 konnte die geneigte Porsche-Kundschaft unter folgenden Motoren wählen: 1,1 Liter mit 40 PS (fiel im Laufe des Jahres aus dem Programm), 1,3 Liter mit 44 PS, 1,3 Liter Super mit 60 PS, 1,5 Liter mit 55 PS und 1,5 Liter Super mit 70 PS, jeweils lieferbar im Coupé und Cabriolet. In diesem Jahr erschien die dritte Karosserievariante des Porsche 356, und für viele Enthusiasten die begehrteste: Auf Bestreben des

Der Blick des 356, den 356 im Blick: US-Version mit stehenden Sealed-Beam-Scheinwerfern hinter einer Klarglasabdeckung. Gut zu sehen: Die Windschutzscheibe ist nicht mehr geteilt, aber geknickt, Modelljahr 1953.

Sehr frühes Stuttgarter Cabriolet mit Reutter-Karosserie, Modelljahr 1951/52, aufgenommen vor den Schaufenstern des Münchner Volkswagen-Händlers Mahag.

Porsche 356 A mit Gepäckträger auf der Motorhaube. Die tropfenförmigen Rückleuchten verraten, dass der Wagen nach März 1957 gebaut wurde.

US-Importeurs Max Hoffman (1904-1981, ein in die USA ausgewanderter Wiener, der europäische Fahrzeuge nach Amerika importierte) baute Porsche den 356 Speedster. Der Karosseriekörper gleicht dem Cabriolet, hat aber eine um 3,5 Zentimeter niedrigere Türhöhe. Die niedrige Windschutzscheibe mit ihrem verchromten Rahmen ist lediglich aufgesetzt, das Verdeck hat Notcharakter, die Seitenscheiben sind nicht via Kurbel versenkbar, sondern nur aufgesetzt, der Innenraumkomfort beschränkt sich auf das Nötigste. Das bedeutete Auto fahren pur, minimal, radikal. Porsche zielte auf die in den USA erfolgreichen englischen Roadster. Der Speedster war das angesagte Spielzeug amerikanischer Yuppies, 45 Kilo leichter als das Coupé und bei gleicher Motorisierung entsprechend agiler. Die Porsche-Ingenieure setzten noch ein Sahnehäubchen drauf und spendierten dem Speedster eine kürzere Getriebeübersetzung in den oberen Gängen, was sein Temperament noch mehr beflügelte.

Das magische Wort »Carrera« schmückte ab Modelljahr 1956 den Porsche 356. Als heißes Straßen- und Motorsport-Derivat des von Ernst Fuhrmann konstruierten Viernockenwellen-Motors aus dem 550/1500 RS Spyder wurde die Maschine kultiviert, straßentauglich gemacht und leistete fortan 100 PS aus 1,5 Litern Hubraum. 356 1500 GS Carrera hieß dieser bis dato heißeste Straßen-Porsche, und seine Präsentation auf der IAA 1955 geriet zur Sensation. Von außen sah man dem Boliden nichts an. Nur der »Carrera«-Schriftzug unter dem Porsche-Signet oberhalb der Kennzeichenbeleuchtung deutete darauf hin: 100 PS, 12 Sekunden auf Tempo 100, Topspeed 200 km/h. Was für ein Wagen!

Ab 1956 wurde der Porsche 356 A gebaut. Intern spricht Porsche nicht vom 356 A, sondern vom T1, also dem Technischen Programm 1. Das Hauptunterscheidungsmerkmal gegenüber dem 356 ist die gewölbte Windschutzscheibe, die tief greifende Karosserieänderungen nach sich zog. Die Karosseriepresse für die Dachform musste ebenso modifiziert werden wie diejenige für den Windlauf. Die neue Seitenzierleiste unterhalb der Türe streckte den 356 A optisch, weil die Flanken dadurch vermeintlich niedriger wurden.

Zur IAA im Herbst 1957 wurde der Jahrgang 1958, das Technische Programm 2, präsentiert: Tropfenförmige Rücklichter, die Kombination aus Nummernschildbeleuchtung und Rückfahrscheinwerfer war nun oberhalb der Stoßstange positioniert, und die Auspuffrohre wurden durch die hinteren Stoßstangenhörner geführt. Porsche modifizierte auch das Fahrwerk. Der 356 A profitierte von den Erfahrungen aus dem 550/1500 RS Spyder. Als »Dame« wird der 356 A 1600 bezeichnet. Er trug weiterhin die gewölbten Radkappen im Volkswagen-Stil, während der Super von neu gestalteten Zierkappen mit Porsche-Emblem geschmückt wurde. Das Cabriolet teilte sämtliche Evolutionsschritte. Zum Modelljahr 1958 fielen die 1300er-Varianten weg. Es blieben also der 1600er mit 60 (Dame) und mit 75 PS (Super) sowie die Carrera-Modelle mit 100 oder 110 PS aus 1,5 Litern. Von hinten war ein Carrera daran zu erkennen, dass seine Auspuffrohre nicht durch die Stoßstangenhörner geführt wurden, sondern konventionell unterhalb des Heckblechs saßen.

Als vierte Karosserievariante offerierte Porsche zum Modelljahr 1958 den 356 A Hardtop, ein Cabriolet mit abnehmbarem Stahldachaufsatz. Geschlossen sah der Wagen aus wie ein Stufenheck-Coupé. Gleichzeitig löste der Convertible D (D steht für den Karosseriehersteller, die Heilbronner Firma Drauz) den Speedster ab. Er war etwas komfortabler ausgestattet, hatte eine höhere Windschutzscheibe, nunmehr Kurbel- statt Steckfenster, normale anstelle der bisherigen Schalensitze und ein paar Luxus-Goodies. Porsche offerierte ihn mit Dame- und Super-Motor, nicht mehr als Carrera.

Schöpfer und Schöpfung: Ferry Porsche im Stuttgarter Werk II mit Porsche 356 A.

Flotter Flitzer: 1955er Porsche 356 A Speedster beim Flugplatzrennen in Innsbruck am 4. Oktober 1959. Der Pilot Siegfried Günther im Kampf gegen Markengefährten.

Die Kurpromenade in Meran ist die Kulisse des Porsche-Jahrestreffens im Oktober 1957. Die beiden roten Wagen sind 356 A des Modelljahrs 1956.

Dasselbe Ereignis, eine andere Szene: Die Porsche-Hautevolee feiert sich selbst in Südtirol.

Die 1960er Porsche hießen 356 B, intern T5, das Kürzel für Technisches Programm Nummer 5. T5 bedeutet für den Porsche 356 das wohl am tiefsten greifende Facelift seines Autolebens, begleitet von etlichen technischen Modifikationen. Die Scheinwerfer offenbaren die wesentlichste Evolution des 356 B gegenüber dem Vorgänger: Sie sind höher gesetzt, was der frontalen Erscheinung einen komplett neuen Eindruck verleiht. Die Stoßstangen sitzen ebenfalls höher, um fast zehn Zentimeter, und haben neue Hörner. Ebenfalls verändert: Form und Position der Blinker und Hupengitter, und der Haubengriff ist breiter und länger. Unter der vorderen Stoßstange sind Lufteintrittsöffnungen für die Bremstrommeln, optional können hier Nebelscheinwerfer eingebaut werden. Der ebenfalls höher gesetzte hintere Stoßfänger integriert die Kennzeichenbeleuchtung, darunter sind Katzenaugen angebracht. Die beiden Auspuffendrohre münden in den nach unten verlängerten Stoßstangenhörnern. Weiterhin waren beim 356 B die beiden 1600er-Motoren mit 60 und 75 PS, Dame und Super, erhältlich; ab Frühjahr 1960 folgte der Super 90, ebenfalls 1,6 Liter, dank höherer Verdichtung 90 PS. Seine Fahrleistungen reichen nah an diejenigen der Carrera-Modelle heran. Daher war ein Carrera de Luxe nicht mehr nötig. Der neue Carrera hieß 1600 GS Carrera GT, hatte 115 PS und rannte sagenhafte 200 km/h. Alle 356 B hatten also 1,6 Liter Hubraum, von der Dame bis zum Carrera 1600 GS GT (optisches Charakteristikum: keine Stoßstangenhörner, Zusatzschlitze in der Motorhaube). Eine neue Karosserieform lancierte Porsche anlässlich des 356 B, und sie sollte nicht den gewünschten Erfolg haben. Das Hardtop-Coupé ist letztlich ein Cabriolet mit aufgeschweißtem Hardtop. Die Karosserie entstand bei Karmann in Osnabrück.

In den schweizerischen Nationalfarben lackiert: Dieser Porsche 550/1500 RS Spyder wurde nach Zürich geliefert. Design Erwin Komenda, Karosserie von Wendler in Reutlingen. Die Spyder-Mechanik inspirierte Porsche zum 356 Carrera.

Nach nur zwei Jahren überarbeitete Porsche den 356 B erneut im Herbst 1959 und bescherte ihm nach elf Produktionsjahren die definitive Form. Einen neuen Namen erhielt er durch dieses Technische Programm Nummer 6 allerdings nicht. Die Unterschiede im Heckbereich sind eklatant: Das Heckfenster wurde wesentlich vergrößert und ließ den Innenraum heller werden. Die Motorhaube ist ebenfalls größer und wird nunmehr von zwei verchromten Lüftungsgittern geschmückt. Die vordere Haube trägt eine völlig andere Form, größer und eckiger, und durch den flacheren Tank ist auch das Kofferraumvolumen gewachsen. Ab März 1962 lieferte Porsche den 356 B 2000 GS Carrera 2 aus. Der Königswellen-Motor wurde auf 2 Liter aufgebohrt und leistet in der Straßenversion satte 130 PS, gut für Tempo 200. Dann gab es noch die Wettbewerbsversion, den GT, mit 140 oder 155 PS. Türen und Hauben sind aus Alu, die seitlichen und das hintere Fenster aus Plexiglas, innen Schalensitze. Nicht nur die Stoßstangenhörner, selbst die Hupenziergitter fielen der Gewichtsreduzierung zum Opfer.

Porsche 356 Carrera GT im Fahrerlager am Nürburgring im Juli 1957. Der Fahrer Karl Falk wird auf ihm wenig später den 83. Platz beim 1000-Kilometer-Rennen erkämpfen.

Ausruhen durften die Oslo-Starter der Teilnehmer der Rallye Monte Carlo 1958 im Touring-Motel in Tübingen. Die neue Etappe beginnt, für den Porsche 356 Speedster ein harter Tag. Aufnahme vom 22. Januar 1958.

Hardtop und Cabriolet: Zum Modelljahr 1958 erschien das abnehmbare Hardtop mit seiner auffälligen, unteren Abschlusszierleiste, die keine Fortsetzung an der Türoberkante fand.

Die heißen 356 B 1600 GS Carrera GT hatten zusätzliche Luftschlitze in der Motorhaube. Gleich drei davon, zwei Coupés und ein Hardtop-Cabriolet, warten auf den Start beim Freiburger Bergrekord am 30. Juni 1961.

Porsche kaufte man bei speziell ausgebildeten VW-Betrieben, was den Porsche-Service angesichts dessen, dass es sich um ein Ausnahmeautomobil handelte, sehr einfach gestaltete. Nur Berührungsängste durfte der Porsche-Fahrer nicht haben. In der Werkstatt traf er auf viele Käfer-Besitzer. Aber die Verwandtschaftsverhältnisse waren ja auch nicht zu leugnen. Drei herrliche 356er, vorne ein 356 B Hardtop-Coupé mit Karmann-Karosserie, der stets ein seltener Wagen blieb und nur zwischen Februar 1961 und Januar 1962 gebaut wurde, dann zwei 356 B Coupés des Technischen Programms T5, also Modelljahr 1960/61, daneben ein türkisfarbener 1961er Export-Käfer. Geschmückt ist das VW-Autohaus mit dem stilisierten VW-Männchen in dienstbarer Haltung, sehr charmant, und plakatiert mit »Einen VW müsste man haben«.

Porsche als Einsatzwagen. Polizeifahrzeuge sind hinlänglich bekannt, die so genannten Weißen Mäuse. Dieser 356 B T5 »Dame« ist kein Polizeistreifenwagen, sondern ein österreichischer Notarztwagen, und neben ihm ein VW T1a Krankenwagen mit bedarfsorientiert von einem Karosseriebauer gestalteter, zweiteiliger Heckklappe.

Das einzige optische Unterscheidungsmerkmal zwischen dem 356 B T6 und dem 356 C (Herbst 1963 bis Frühjahr 1965) waren die Felgen und Radkappen. Sie stammten vom parallel bereits gebauten 911. Die wesentliche technische Errungenschaft des 356 C waren Scheibenbremsen rundum. Das Motorenprogramm wurde neu geordnet. Der 1,6-Liter mit 75 PS heißt 356 C, der ehemalige Super 90 mit nunmehr 95 PS ist der 356 SC, und der 60-PS-1600er ist sanft entschlafen. Die 130-PS-Straßenversion des Carrera hörte auf den Namen Carrera 2, die Wettbewerbsversion hieß nach wie vor Carrera GT. Doch der Carrera hatte längst Konkurrenz im eigenen Hause, in Gestalt des sechszylindrigen 911. Das Modelljahr 1965 brachte keine Änderungen, bei Porsche lag die ganze Konzentration auf dem 911. Die 356-Produktion dauerte bis April 1965 an. Offene 356 waren sehr beliebt bei der Autobahnpolizei, nicht nur im schwäbischen Hoheitsgebiet. Für die holländische Reichspolizei legte Porsche im Mai 1966 nochmals eine letzte, kleine Serie von zehn Fahrzeugen auf. Dann war endgültig Schluss. Die Gesamtstückzahl der Porsche 356 aller Bauserien zwischen 1950 und 1966 variiert je nach Quelle. Porsche selbst gibt 76.302 an.

Weil Reutter nicht genügend Karosseriebau-Kapazitäten hatte, um die starke Nachfrage zu bedienen, sprang Karmann ein. Blick auf das Montageband in Osnabrück, wo 356 B mit Facelift (T6) des Modelljahrs 1962/63 entstehen.

Der definitive Porsche 356 mit den Felgen des 911ers wegen der neuen Scheibenbremsen rundum. Zum Sprung bereit ist ein 356 SC mit 95 PS, also der Nachfolger des Super 90. Charakteristisch für den 356 C ist das Porsche-Wappen auf den Radkappen.

Das Porsche-Ambiente, damals wie heute: ein repräsentatives Einfamilienhaus, schöne Menschen, Wohlstand. Und das Porsche-Problem, damals wie heute: Reisen mit dem Wagen bereitet Freude, das Verstauen des Gepäcks hingegen bereitet Sorge. Im Bild ein 356 SC.

Fabrikneue Brüder, Vorgänger und Nachfolger: Das hatte nur kurze Zeit Gültigkeit, zwischen September 1964 und April 1965. Doch im Porsche 912 sollte der Vierzylinder des 356 SC noch bis Modelljahr 1969 weiterleben.

Kapitel Zwei

Die Null in der Mitte: Porsche 901, frühe Neunelfer und Porsche 912

Was sich im September 1963 auf der IAA im Rampenlicht drehte, sollte eine damals ungeahnte Erfolgsgeschichte erleben. Dieser Porsche begeistert die ganze Welt, der Neunelfer ist zur Inkarnation der Marke Porsche schlechthin geworden und entwickelte sich während der vergangenen 60 Jahre zum Symbol Zuffenhausener Ingenieurskunst. Im Porsche 911 lebt das Heckmotorkonzept des Volkswagen Käfer bis heute fort, zur Höchstleistung vervollkommnet.

Der Haus- und Hofdesigner von Porsche war Erwin Komenda. Er war studierter Ingenieur und Leiter der Karosserieentwicklung bei Porsche gewesen. 1964 starb er. Drei Jahre zuvor übernahm Ferdinand Alexander Porsche, genannt But-

Was hätte sein können: Porsche Typ 695 als 1/1-Tonmodell im Designstudio 1957.

zi, die Leitung des Designstudios. Komenda und Butzi Porsche machten eigentlich dasselbe: sie machten sich Gedanken um die Nachfolge des 356. Dabei repräsentierten sie zwei Strömungen. Komenda, der Mittfünfziger, verkörperte die konservative, alte Schule und wollte am Styling des 356, »seines« 356, festhalten. Außerdem favorisierte er einen Viersitzer. Butzi Porsche hingegen, damals rund 25 Jahre alt, hatte soeben sein Studium an der progressiven Hochschule für Gestaltung in Ulm ohne Abschluss abgebrochen und arbeitete seit 1957 unter Komenda. Das ging nicht ohne Reibereien. Komenda war der Erfahrene und der Chef des Stylingbüros, Ferdinand Alexander Porsche war der Sohn des Inhabers. Als Ferry Porsche entschied, das Modell seines Sohnes sei der künftige Porsche 901, war Komenda verstimmt.

Aus Ferdinand Alexander Porsches Hand stammt die zeitlose und unverwechselbare Haut des Porsche 911 – zumindest die generelle Linienführung. Mit den Details befassten sich andere, subordinierte Gestalter.

Porsche hatte keinen eigenen Karosseriebau. Die Aufbauten entstanden bei Reutter, direkt vis-à-vis der Fabrik in Zuffenhausen. Im Dezember 1963 übernahm Porsche die Karosseriefabrik, im September startete die Serienproduktion des 911ers. Das heißt, keine Porsche-911-Karosserie kam von der selbständigen Karosseriefabrik Reutter. Aber alle sind dort gebaut worden, bis heute. Die Karosseriekonstruktion hingegen stammt aus der letzten Zeit, in der Reutter selbständig war. Reutter hatte das prinzipielle Problem gehabt, permanent die eigenen Möglichkeiten an die Forderungen und Wünsche der Firma Porsche angleichen zu müssen, und die Investitionen in die neue 901-Karosserie, die wie zuvor der 356-Aufbau im Lohnauftrag Porsches gefertigt wurde, waren hoch. So übernahm Porsche Ende 1963 das Zuffenhausener Reutter-Werk, in welchem die Karosserien für den 356 C und ab dem Folgejahr für den 901 produziert wurden. Erst jetzt war Porsche ein komplettes Automobilwerk. Die Porsche-Werke I und II sowie das ehemalige Reutter-Werk bildeten fortan einen geschlossenen Komplex, nur durch die Schwieberdinger Straße getrennt – nicht von diesem Geschäft betroffen war das Reutter-Stammwerk in der Stuttgarter Augustenstraße, in dem Recaro-Sitze hergestellt wurden. Porsche blieb Reutter insofern treu, als der Neunelfer mit Recaro-Sitzen ausgestattet wurde.

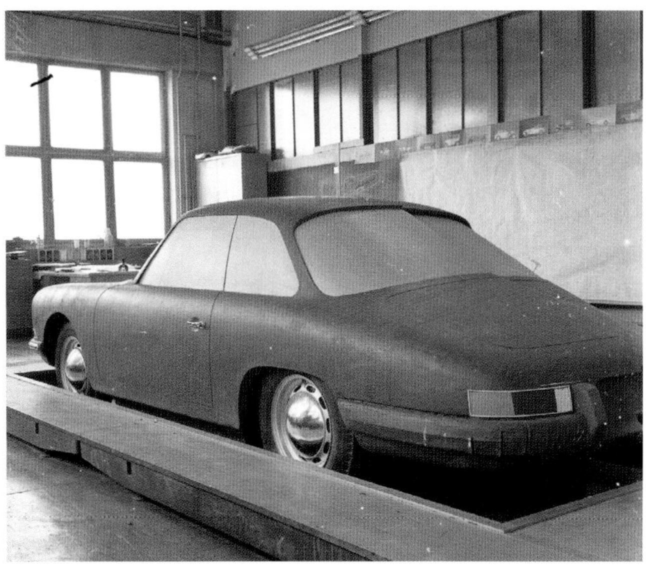

Typ 695: Zwar Anklänge an den späteren Neunelfer, aber formal viel näher am Vorgänger.

Ein Meilenstein in Richtung 911 ist der Prototyp 754 T7 von 1961, hier ebenfalls als 1/1-Tonmodell im Designstudio.

Von vorne eindeutig ein Elfer: Porsche 754 T7, nicht mehr aus Ton, sondern aus Fleisch und Blut.

Die Konstruktion des soliden und erfolgreichen Porsche 356 erwies sich Ende der 50er Jahre als ebenso vollkommen wie ausgereizt, Porsche benötigte ein neu konstruiertes Sportcoupé, um die Kunden bei der Stange zu halten. Das Grundkonzept sollte beibehalten werden, ein 2+2-Sitzer mit Heckmotor. Porsche wollte seinem Stuttgarter Nachbarn Daimler-Benz nicht in die Quere kommen. Es war eine Art Gentlemen's Agreement. Der neu zu konstruierende Porsche hatte einige Eckpunkte, die zu erfüllen waren: Die Fahrleistungen orientierten sich am bisherigen Spitzenmodell 356 Carrera 2, die Laufkultur am 356 1600 mit 60 PS, der »Dame«. Zudem, und das war für die damalige Porsche-Klientel ganz wichtig, musste ein Golfbag in den vorderen Kofferraum passen, außerdem sollte der Wagen für die umfänglich etwas »gewachsene« Bevölkerung der 60er Jahre etwas mehr Platz bieten.

Porsche experimentierte schon damals mit einem Viersitzer mit abgestuftem Heck, dem Typ 745 T7, und das Thema Porsche-Viersitzer sollte eines bleiben, bis der Panamera im Herbst 2009 als wirklicher Viersitzer erschien. Doch Porsche votierte definitiv für den 2+2-Sitzer – auch, um nicht mit Daimler-Benz ins Gehege zu kommen. Letztlich entschied sich Zuffenhausen für den Typ 901 mit luftgekühltem Sechszylinder-Heckmotor in Boxerform. 13 Prototypen existierten, elf Sechs- und zwei Vierzylinder. Keiner glich dem anderen, und die Fahrzeuge wurden permanent modifiziert. Sie dienten als Ausstellungsstücke und Versuchsfahrzeuge. Auf der IAA im September 1963 drehte sich der Porsche 901 das erste Mal im Rampenlicht, einen Monat später wurde er auf dem Pariser Salon vorgestellt. Die Präsentationsfahrzeuge hatten keine vorderen Stoßstangen-

Der Prototyp ist heute Bestandteil des Porsche-Museums und präsentiert sich hier in enger Nachbarschaft zum Serienfahrzeug. Die Ähnlichkeit ist groß, doch kein Karosserieteil ist identisch.

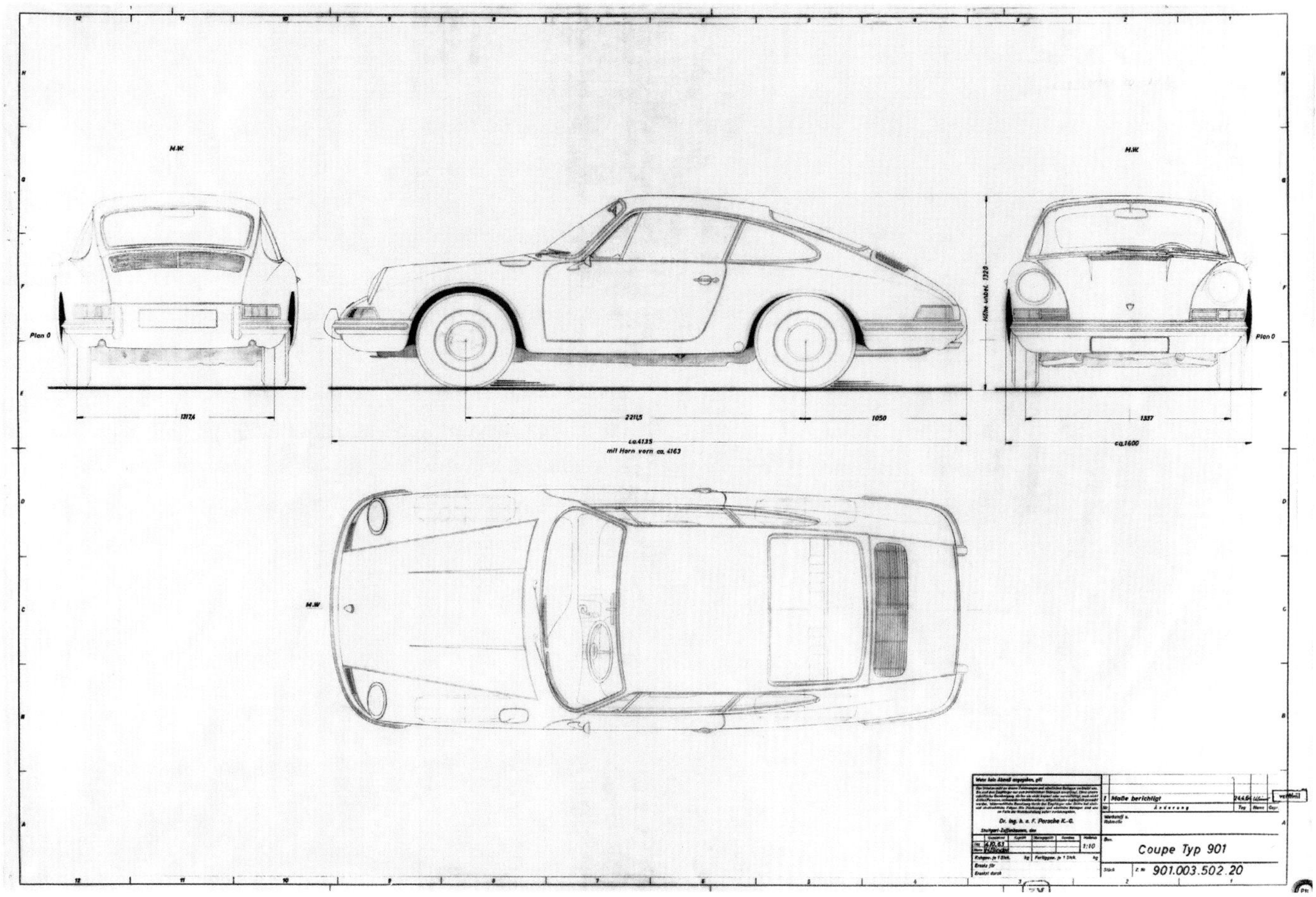

Auf dem Reißbrett: Technische Zeichnung des Porsche 901 vom 24. April 1964.

hörner und keine Schwellerzierleiste. Die Reaktionen waren geteilt. Die Rückwärtsgewandten bedauerten das baldige Ableben des 356, den sie für den Porsche schlechthin hielten und an den sie seit 13 Jahren gewöhnt waren. Bei jedem Abschied schwingt ein wenig Schmerz mit. Die nach vorne Orientierten begrüßten den neuen Wagen frenetisch, bejubelten den Sechszylinder und die rassige Form. Vor allem waren sie froh darüber, dass Porsche seinen Grundsätzen treu geblieben war und wieder einen Wagen im bewährten Layout präsentierte. Im auf der IAA verteilten Premierenprospekt bezieht sich Porsche auch dezidiert auf den Vorgänger und schreibt, der 901 vereine »unter Berücksichtigung der typischen Porsche-Linie alle Vorzüge der bewährten 356-Modelle und die langjährigen Erfahrungen seiner Konstrukteure und Versuchsingenieure in sich«. Der bekannte Werbeslogan »Fahren in seiner schönsten Form« wurde auch für den 901 wieder aufgenommen. Porsche resümiert die Neuheit: »Dieses Modell stellt ein Optimum an Fahrkomfort, Straßenlage und Fahrsicherheit dar, wie es der anspruchsvolle Porsche-Kunde seit Erscheinen des ersten Porsche-Wagens gewöhnt war.« Und die Bemerkung über das Design, entnommen aus dem Prospekt vom März 1965, als der 356er gerade am Auslaufen war, zielt auf das stilistische Kontinuum: »Die Karosserieform kann man als greifbaren Beweis dafür ansehen, daß die schöpferische Begabung auch in der dritten Porsche-Generation weiterlebt.« Das gleiche gilt für die Konzeption: »Selbstverständlich bleibt Porsche (...) seinem Konstruktionsprinzip treu. Auch der 911 hat ein luftgekühltes Hecktriebwerk«. Selbst später noch antwortete Porsche den Kritikern, die der Meinung waren, das Styling sei zu unspektakulär. Zitat aus dem Prospekt vom August 1967: »Allen Porsche-Modellen ist die gleiche charakteristische Form eigen, deren dezente Eleganz nicht den Effekt sucht. Ihre Linie wird bestimmt durch die Funktion und Harmonie aller konstruktiven Details.« Aus diesen Worten sprechen auch die Grundsätze der Ulmer Hochschule für Gestaltung, an der Ferdinand Alexander Porsche einige Semester studiert hatte.

Der Erlkönig unterwegs: Fahrt des Prototyps Nummer Zwei (genannt »Fledermaus« wegen seiner Heckflossen) bei Regen und Wind am 10. Juli 1963. Ob der Fahrer des Ford Taunus 17m P3 realisiert hat, was da am Straßenrand steht?

Peugeot nahm vom neuen Porsche spätestens auf dem Pariser Salon Notiz. Nicht, weil er in irgendeiner Form den Peugeot-Produkten hätte gefährlich werden können. Das gewiss nicht, das traf nicht zu. Aber Peugeot hatte einen Namensschutz angemeldet für dreistellige Zahlen mit einer Null in der Mitte als Typenbezeichnungen. Dagegen verstieß Porsche. Aber Zuffenhausen und Sochaux einigten sich freundschaftlich und auf dem kleinen Dienstweg, ohne Streit und Gerichte. Nur die ersten 82 Vorserienwagen erschienen unter der Modellbezeichnung 901, noch vor der Markteinführung stellte Porsche auf 911 um. Der Lüdenscheider Spielzeugautohersteller Siku brachte rasch nach der Markteinführung des Originals seine Zinkdruckguss-Miniatur auf den Markt, entwickelt, als der Neunelfer noch im Vorserienstadium steckte. Auf seiner Bodenplatte steht eingraviert »Porsche 901«, und Siku hatte nicht mehr die Gelegenheit, diesen Lapsus zu korrigieren. Das Siku-Modell, Seriennummer V234 für den normalen Porsche und V235 für die weiße Polizeiversion mit Blaulicht und Antenne, blieb bis 1970 im Angebot – stets als »Porsche 901«. Genau so verhielt es sich mit der Interpretation von Bandai, einem Blechspielzeughersteller aus Japan, und der ersten Version des Slotcar-Renners von Carrera Universal.

Ganz früher Serienmotor zu Zeiten, als der Elfer noch Porsche 901 hieß.

Publikumsmagnet: Präsentation des Porsche 901 auf der IAA im September 1963, im Hintergrund der Citroën-Stand.

Nur vermeintlich eine Rarität: Auf der IAA wurde der erste Prospekt verteilt, und der Wagen hieß noch 901. Aber er wurde so großzügig ausgegeben, dass jeder einen bekam. Heute geforderte Liebhaberpreise sind meist überzogen.

Richtig oder falsch? Als der Lüdenscheider Spielzeugautohersteller Siku den Porsche schuf und die Bodenplatte beschriftete, hieß der Wagen noch 901.

Die weitgehend manuell gefertigte Vorserie startete im Mai 1964, die reguläre Produktion am 14. September 1964, genau ein Jahr nach der IAA-Präsentation. Der Sechszylinder-Boxermotor hat nichts mit den Vierzylindern aus dem Porsche 356 zu tun, außer, dass er hinten sitzt und die Zylinder in Boxeranordnung zueinander angelegt sind. Er ist ein Kurzhuber mit zwei Litern Hubraum und 130 PS – ebenso stark wie der Vierzylinder im 356 Carrera 2. Er verfügt über eine Trockensumpfschmierung. »Normale« Viertaktmotoren haben eine Nasssumpfschmierung, das heißt, ihr Öl wird in der Ölwanne mitgeführt, von der Ölpumpe angesaugt und im Motor durch Kanäle verteilt. Nachteil: Bei sportlichen Fahrzeugen wie dem Porsche, die eine große Längs- und vor allem Querbeschleunigung aufweisen, ist die Ölversorgung nicht in jeder Fahrsituation optimal gewährleistet. Deshalb verfügt der Neunelfer über eine Trockensumpfschmierung. Es gibt einen separaten Ölbehälter, aus dem das Motoröl mittels Druckpumpe an die Schmierstellen befördert und mittels Rücklaufpumpe zurückgeführt wird. Das ist aufwändig und teuer, hat aber den Vorteil, dass die Motorschmierung auch in extremen Situationen (zum Beispiel bei voller Beschleunigung oder rasant gefahrenen Kurven) garantiert ist. Außerdem baut der Motor weniger hoch, weil die stets an tiefster Stelle angebrachte Ölwanne

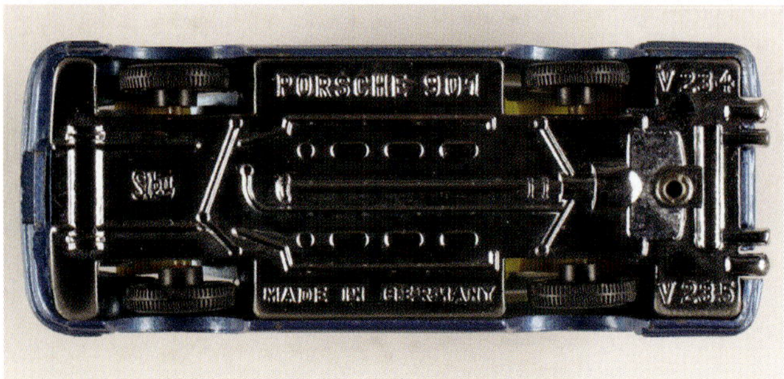

Das steht hier zu lesen. Und zumindest die damaligen Jungs waren verwirrt.

Mehrgenerationenbild: Porsche 356 C Cabriolets, im Hintergrund von Reutter angelieferte Coupé-Karosserien, und strahlend weiß ein später 901-Prototyp (Prototyp Nummer Eins, genannt »Sturmvogel«), noch ohne Stoßstangenhörner und Schwellerzierleisten und mit rundem Tankdeckel. Aufnahme 1963 im Werkshof, am Steuer Thora Hornung, die Sekretärin Huschke von Hansteins. Der Wagen wurde 1965 verschrottet.

überflüssig ist. Eine Fünfgang-Schaltung war Mitte der 60er Jahre ebenfalls nur elaborierten Sportwagen zu Eigen, ebenso wie der Einsatz von zwei Dreifach-Fallstromvergasern und Scheibenbremsen an allen vier Rädern (allerdings noch eine Einkreis-Bremse). Bei den ersten Porsche 911 wurde das Fahrverhalten kritisiert, der Wagen war vorne zu leicht. Porsche reagierte rasch und integrierte Graugussteile in die vorderen Stoßstangenecken, um den Wagen vorne schwerer zu machen. Das hat das Fahrverhalten spürbar verbessert. Anfänglich war auch die Karosserieverarbeitung in der Kritik, Ventilschäden traten auf, weil die Motoren überdreht wurden, und die Gasfabrik ließ sich schlecht einstellen. Porsche bekam diese Probleme sehr schnell in den Griff.

Das typische Armaturenbrett, bis heute eine stilistische Meisterleistung und Legende, trägt der Neunelfer von Anfang an. Fünf Rundinstrumente direkt im Blickfeld des Fahrers: prominent in der Mitte der Drehzahlmesser, links davon Ölthermometer, -manometer, Benzinuhr und Ölstandsanzeiger. Rechts vom Drehzahlmesser sitzt der Tacho, rechts oben von ihm die Zeituhr. Das Vierspeichenlenkrad mit einem für heutige Verhältnisse dünnen Kranz ist todschick, der Kranz aus Edelholz. Die Sportsitze lassen sich in Liegeposition wandeln, die hinteren Notsitze (geeignet für Kinder bis etwa elf Jahre) sind einzeln umlegbar zur Vergrößerung des Gepäckvolumens. Serienmäßig hatte der erste Porsche 911 eine mit Benzin betriebene Webasto-Standheizung. Wesentliche Extras gab es anfangs nicht, auch noch kein Schiebedach. Der Kunde konnte wählen, ob er die Stahlscheibenräder silbern lackiert oder verchromt haben wollte.

Die ersten Serienmodelle hießen 901, entsprachen aber dem 911. Offiziell ausgeliefert wurde kein Porsche mit dem Schriftzug 901.

Notsitze, geeignet für Kinder bis ungefähr elf Jahren, für kleinwüchsige Erwachsene auch geeignet. Es war nicht nur wenig Platz auf der Rücksitzbank. Sie zu entern erforderte auch akrobatische Verrenkungen.

Anfangs trennte Porsche zwischen dem 911 und dem 912. Letzterer bekam seinen eigenen Prospekt. Hier das Cover der Ausgabe vom April 1965.

Zwar wurde der Porsche 911 mit 21.900 D-Mark anfangs billiger angeboten als der im Vorfeld auf 23.000 D-Mark geschätzte Preis, aber er war doch wesentlich teurer als der zeitgleich noch produzierte 356er. Der 356 C kostete 14.950, der SC 16.450 D-Mark, lediglich der Hochleistungssportler Carrera 2 kam auf 23.700 D-Mark (jeweils als Coupé). Porsche befürchtete zu Recht, dass den traditionellen 356er-Käufern der neue 911 zu teuer sein könnte und reagierte mit dem Porsche 912. Das war ein einfacher ausgestatteter Porsche 911 mit dem 1,6-Liter-Vierzylinder aus dem 356 C (1600 SC), mit 90 PS fünf Pferde schwächer als im 356er und wie dieser mit zwei Doppelvergasern versehen. Als der Porsche 912 im April 1965 präsentiert wurde, kostete er 16.250 D-Mark. Das waren 5.500 D-Mark weniger als der Preis des Por-

Die Studioaufnahme zeigt den Porsche 912 in sorgsam inszenierter Umgebung. Foto entnommen dem Premierenprospekt vom April 1965.

Farbenspiele: Die Farbkarte von 1965 für 911 und 912 zeigt keine spektakulären Töne. Die wilden Farben kamen erst gegen 1967/68 auf, am buntesten waren die frühen 70er.

Der Mann hinter dem Styling: Ferdinand Alexander Porsche. Aufnahme 1969.

sche 911. Dafür bekam der Kunde auch weniger Ausstattung. Vier- statt Fünfgang-Box (wobei die meisten Kunden gegen Aufpreis für fünf Gänge votierten), nur drei Rundinstrumente (die beiden fehlenden gegen Aufpreis), ein in Wagenfarbe lackiertes Armaturenbrett. Äußerlich unterscheiden sich die beiden Brüder nur durch den Heckschriftzug. Und natürlich durch den Sound. Während Porsche den 911 eher als Sportwagen definierte, wurde der 912 als Reisewagen propagiert – mit den Genen des größeren Bruders: »Karosserie, Fahrgestell, Motor und Getriebe geben dem Porsche 912 die Qualitäten eines Sportwagens mit den Annehmlichkeiten eines schnellen Reisewagens. Sport und Reise, beides ist hier in idealer Form vereint.« (zitiert aus dem 912-Prospekt vom April 1965 anlässlich der Präsentation des Vierzylinders.)

Gleich im ersten Produktionsjahr startete die motorsportliche Karriere des Neunelfers und drei Monate nach Produktionsbeginn wurde er schon als GT-Wagen homologiert. Nur Tage später starteten Herbert Linge und Peter Falk mit einem Werkswagen bei der Rallye Monte Carlo 1965, die sie als Fünfter im Gesamtklassement beschlossen. Ein sanftes Tuning brachte den Zweiliter auf 160 PS, und die Monte war der Auftakt zu zahlreichen Rallyeerfolgen.

Kofferraum? So ähnlich sah es ab 1970 auch im VW Käfer aus, als sich das Reserverad hinlegte. Aufnahme 1964.

Kofferraum! Die umlegbare Rücksitzlehne sorgte für Stauraum. Auch hier: genau wie beim VW Käfer.

Modell des Typs 695 im Hinblick auf den späteren Porsche 911, formal stark an den 356er erinnernd, im Maßstab 1/7,5. Foto vom Juli 1957.

Die unendliche Geschichte: Der Familien-Porsche

Ein Porsche ist ein Zweisitzer, auch wenn er hinten zwei Notsitze aufweist. Das ist seine Charakteristik, das macht ihn knackig, und das ist gleichzeitig sein Hauptmanko. Das war schon zu 356er-Zeiten so und das sollte sich mit dem 911 nicht ändern. Porsche erkannte diese Problematik natürlich. Befragungen von untreu gewordenen Kunden ergaben, dass sie sich nahezu nie im Ärger von der Marke trennten. Einige wollten aufsteigen und kauften sich teurere Sportwagen, aber die meisten gründeten eine Familie, und dafür taugte ein Porsche einfach nicht. Der Typ 530 von 1952 ist eine automobil gewordene, sehr frühe Überlegung von Porsche zum Thema Viersitzer mit um 300 mm verlängertem Radstand, ebenfalls eine Arbeit von Porsche-Designchef Komenda, und der Typ 745 T7 von 1961, eindeutig ein Ahn des Elfers, war ebenfalls ein Viersitzer mit abgestuftem Heck. An ihm hatte Ferdinand Alexander Porsche ab 1959 (Porsche Typ 695) gearbeitet, und er ging vom selben Radstand aus, den weiland der 530 aufgewiesen hatte, nämlich 2400 mm. Ende 1961 war der Prototyp fertig (Typ 754 T7). Ferry Porsche entschied für den 2+2- und gegen den Viersitzer.

Zwischen 1966 und 1970 entstanden erneut Viersitzer-Prototypen, nunmehr mit der fließenden 911-Heckform, aber verlängertem Fahrgastraum und Radstand, beider Außenlänge betrug 4460 mm. Außer der Idee eines verlängerten Porsche 911 haben die beiden Prototypen nichts miteinander zu tun. Ein Exemplar entstand bei Pininfarina und hatte ein höher gezogenes Dach um der hinteren Kopffreiheit willen sowie eine neu gestaltete, hintere Seitenscheibe, es hörte auf den Namen 911 S B17. Der zweite Wagen, bei Porsche selbst entstanden, war lediglich verlängert, trug den Namen 911 S C20 und den Projektcode »Porsche 915«. Gut sahen beide nicht aus, sie wirkten gewaltsam gestreckt. Gleichsam ist diese Aussage relativ, weil sie sich am vertrauten Bild des Porsche 911 orientiert und das verlängerte Fahrzeug an ihm misst. Es hat nicht sollen sein. Der Porsche-Fahrer mit Familie wurde erst mit dem Panamera bedient.

Eindeutig ein Neunelfer: Der Prototyp 754 T7 von 1961, aufgenommen im Porsche-Designstudio. Die Front ist schon ganz der vertraute 911-Anblick, und der ganze Wagen wirkt sehr harmonisch.

Auch hinten Anklänge an den späteren Serien-911er, Dach und hintere Haube wirken wie aus einem Guss.

In Arbeit: Der Porsche eigene Entwurf zum Viersitzer aus der zweiten Hälfte der 60er Jahre, teilweise noch unlackiert.

Der werkseigene Prototyp Porsche 915 hat überlebt und steht heute im Porsche-Museum, Basis ist ein 911 S 2,0. Die Schwellerzierleiste ist zu kurz, und die Silhouette wirkt gezwungen verlängert.

Kapitel Drei

Von Jahr zu Jahr: Die Evolution des Ur-Elfers

Ein Cabriolet ist ein offener Wagen, also ein Wagen ohne Dach. So weit, so gut. Ein selbst tragend konstruiertes Cabriolet hat eine weniger stabile Karosserie als ein Wagen mit festem Dach, weil ihm dieses stabilisierende Teil fehlt. Auch gut. Ein Cabriolet ist ein weniger sicherer Wagen als ein geschlossener Wagen, weil es vor allem im Falle eines Überschlages weniger Insassenschutz bietet. Auch klar. Klar war das auch Porsche. Porsche gedachte, den Kreis zu quadrieren und erfand den Targa.

Der »Verursacher« des Targa hieß, über Umwege, Ralph Nader. Der politisch aktive US-Verbraucherschutzanwalt Ralph Nader lieferte in seinem Buch »Unsafe at any Speed« den Vertretern der Sicherheits- und Umweltschutzdebatte in den 60er Jahren die theoretischen Argumente, und die Autoindustrie reagierte gezwungenermaßen. Das Buch richtete sich in erster Linie gegen Heckmotorwagen, die Nader als gefährliche Heckschleudern geißelte, speziell gegen den Chevrolet Corvair. Zudem kritisierte er den mangelnden

Der erste Jahrgang des Serien-911, und zunächst ein Solitär: Porsche 911 2.0 von 1965 mit Zusatzscheinwerfern und verchromten Stahlfelgen.

Italienischen Chic vermittelte das Lenkrad mit dünnem Holzkranz. Damit schmückte sich der Porsche 911 nur ein Jahr lang, dann wurde es durch ein Lederlenkrad ersetzt. Griffiger, aber nicht schöner.

Insassenschutz von Cabriolets bei Überschlägen. In David-gegen-Goliath-Manier legt er sich gerne mit Großkonzernen an (zum Beispiel Microsoft). Mit seinem Buch gegen General Motors errang er große Reputation und ist seither ein Idol der Linksalternativen in den USA. Zwischen 1996 und 2008 trat er regelmäßig erfolglos bei den US-Präsidentschaftswahlen an. Ralph Nader hat für das Automobil eine große Bedeutung, wenngleich er ihm nicht wohl gesonnen ist. Nachdem er die Sicherheitsmängel entlarvt hatte, entdeckte er für sich und seine Anhänger ein neues Betätigungsfeld: Im Januar 1970 fanden in New York vor dem Hauptquartier von General Motors die ersten Demonstrationen gegen Luftverschmutzung statt, und als Hauptverantwortlichen dafür offenbarte Nader den Hauptschuldigen: das Automobil. 1970 war der Beginn der bis heute andauernden Bewegung gegen die Luftverschmutzung. Die US-Regierung, allen voran die kalifornische, übte wachsenden Druck auf die Industrie aus, dem sich auch die europäischen Autofirmen nicht entziehen konnten, denn sie wollten in die USA exportieren.

Kaum war er da, trieb er schon Sport: Herbert Linge und Peter Falk bei der Rallye Monte Carlo 1965. Aus diesem leicht getunten Sportgerät sollte schließlich der 911 S entstehen.

Porsche 911 S als Teilnehmer des London-Sydney-Marathons, im Neuzustand noch ohne Startnummern. Er sollte mit der 58 auf den Türen an den Start gehen, Piloten Zasada/Wachowski, Rang 4. Möglicherweise ist es aber auch der Wagen von Herrmann/Schüller, später mit der Nummer 55 unterwegs und auf Rang 15 angekommen (das war aber ein 911 T).

Naders Kritik war zwar harsch und von purer Ideologie getragen, aber in ihrer Substanz auch gerechtfertigt. Er war der Initiator, dass sich die Autokonzerne weltweit zunehmend den Thema Insassenschutz, Verkehrssicherheit und Luftverschmutzung widmeten. Auch die Politik wurde aktiv und erließ entsprechende Gesetze und Zulassungsbestimmungen, denen sich die Autohersteller unterwerfen mussten. Nach Naders Kritik wurde nicht nur die Corvair-Produktion 1968 eingestellt. Die US-Autoindustrie baute in der Folge auch jahrelang keine Cabriolets mehr, und der US-Markt war für importierte Roadster lange Zeit tabu. Der Porsche Targa wurde nicht zuletzt deshalb mit integriertem Überrollbügel und nicht als Vollcabriolet konstruiert, damit er im Hauptexportmarkt USA (damals gingen 75 Prozent aller Porsche in die USA) zulassungsfähig war.

Nationale Auftritte: Start am Nürburgring zur Internationalen Hessenrallye am 22. März 1968 bei typischem Nürburgringwetter.

Jungfräulich, noch keine Startnummer, noch keinen Dreck in den Reifenprofilen: Präsentationsfoto eines Porsche 911 S 2,2 Safari-Werkswagens 1971, bevor die Herren Waldegård, Andersson und Zasada mit ihm auf Siegjagd gingen. Sobieslaw Zasada mit Marian Bień wurden Fünfter, Björn Waldegård/Lars Helmér und Åke Andersson/Hans Thorszelius schieden in den beiden weiteren Werkswagen mit Unfall aus.

Ein Cabriolet mit einem Überrollbügel zu stabilisieren war zwar keine völlig neue Erfindung, aber Porsche machte diese Aufbauart nicht nur populär, sondern spendierte ihr sogar einen Namen. Pate stand die Targa Florio, jenes von Vincenzo Florio 1906 geschaffene, sizilianische Langstreckenrennen, bei dem Porsche so erfolgreich gewesen war: erster Klassensieg eines von Ferdinand Porsche entworfenen Austro-Daimler »Sascha« bei der Targa Florio 1922, 1924 Gesamtsieg des von Porsche konstruierten Kompressor-Mercedes PP, 1956 erster Porsche-Gesamtsieg mit einem 550 A Spyder, danach 17 Jahre andauernde Porsche-Dominanz in Sizilien. Das italienische Wort »Targa« bedeutet »Schutzschild«. Porsche ließ es sich schützen, und somit darf nur ein Porsche den Namen Targa tragen. Aber ebenso wie jedes Papiertaschentuch mittlerweile »Tempo« und jeder Geländewagen »Jeep« heißt, so wurde auch aus »Targa« oder »Targadach« ein Gattungsbegriff. Der Name hat sich also verselbständigt. Das tut Porsche nicht weh, vielmehr ehrt es den Erfinder.

Unter einem Targa versteht man also den Aufbau eines offenen Wagens mit einem Schutz- oder Überrollbügel im Bereich hinter den Türen und einem entfernbaren, festen Dachteil (das so genannte Targadach). Der Genrebegriff des Targa beinhaltet nicht den hinteren Teil, also den Bereich hinter dem Überrollbügel. Er kann Bestandteil der Karosseriestruktur sein, ein klappbares (Landaulet-) Verdeck aufweisen, eine feststehende oder entfernbare Glas- oder Plexiglasscheibe haben – egal, der Targa ist durch den Überrollbügel und das herausnehmbare Dachmittelteil definiert, nicht durch den hinteren Bereich. Der Porsche Targa hatte zunächst 1967 eine Heckscheibe aus Plastikfolie mit Reißverschluss (im Porsche-Jargon: »Softwindow«), 1968 optional Sicherheitsglas-Heckscheibe, diese ab 1969 in Serie. Porsche präsentierte den 911 Targa auf der IAA im September 1965, Produktionsbeginn war über ein Jahr später im Dezember 1966 als 911 und 912. Der Porsche Targa revolutionierte die Gattung der offenen Autos. Ausgehend von immer rigideren Sicherheitsbestimmungen im wichtigen Exportland USA starb das völlig offene, also bügellose Cabriolet zunehmend aus. Ein paar italienische und englische Roadster konnten sich halten, und Ende der 70er Jahre gab es nur noch zwei viersitzige Cabriolets ohne Bügel am Markt (Volkswagen 1303 und Rolls-Royce Corniche). Zehn Jahre später erlebte das bügellose Cabriolet eine Renaissance, aber unter neuen Vorzeichen.

Eine alte Autoverkäufer-Weisheit: win on Sunday, sell on Monday. Porsche setzte die ersten Sporterfolge werbewirksam ein. Auszug aus dem Prospekt vom August 1967.

Das passt rein in den Porsche 911: Mehr nicht. Ob der Hund reinpasst, ist fraglich. Ob er rein gehört, noch fraglicher. Porsche 911 2.0 des Modelljahrs 1966.

Im Dezember 1966 erschien der Targa als 911 und 912. Hier wird er präsentiert, und rechts oben im Bild ist eine Rarität zu sehen: Ein Ford Mustang 2+2 mit Spezialkarosserie von Bertone.

Programmerweiterung: Porsche 911 S, neu zum Modelljahr 1967, 160 PS stark, ockergelb lackiert. Die Farbharmonie zwischen Auto und Kleid ist gestört.

Der Überrollbügel des Porsche ist aus Edelstahl und war anfänglich, als Styling-Gag, unlackiert. Das Dachmittelteil, aus Kunststoff und mit einem Vinylbezug versehen, passt in den Kofferraum. Die Kunststoffheckscheibe war anfänglich nicht fixiert, sondern herausnehmbar. Das ließ vier Arten des Offenfahrens zu, je nach Gusto: komplett offen (von Porsche als »Version Spider« beschrieben), komplett geschlossen (Porsche: »Version Hardtop«), Targadach entfernt (»Version Bel-Air«) oder Heckscheibe entfernt (»Version Voyage«). Der komplett geschlossene Wagen war wirklich geschlossen, geradezu wie ein Wagen mit festem Blechdach. Er war sogar waschstraßengeeignet. Auch hier sprach Porsche von der »Porsche-typischen Synthese von Form und Funktion, die jeden Individualisten begeistert« (Zitat aus dem Prospekt vom August 1967).

Der Porsche Targa wurde zwar zum Modelljahr 1966 präsentiert, ging aber erst im Modelljahr 1967 in Produktion. Änderungen am Porsche 911 für das Modelljahr 1966 ab September 1965: Weber- statt Solex-Vergaser, Lenkrad mit Kranz aus Leder statt aus Holz, Schalttafelblende aus Kunstleder statt aus Holz, horizontal statt schräg montierter Heckschriftzug, Modifikationen an Bremsanlage und Lichtmaschine.

Während das Wort »Cockpit« als Synonym für »Armaturenbrett« meist beschönigend ist und einen leichten Anflug von Ironie aufweist, trifft es beim Porsche 911 S völlig zu. Im Bild ein 911 S Targa, Modelljahr 1967.

Die Fuchs-Felgen trug der 911 S serienmäßig, und jedem anderen Porsche 911 standen sie ebenfalls ausgezeichnet.

Zum Modelljahr 1968 erschien die Sportomatic, eine Art Halbautomatik. Die ersten Porsche 911 mit diesem Extra trugen sogar einen entsprechenden Heckschriftzug.

Die Typen 911 und 912 wurden zum Modelljahr 1967 ergänzt durch den 911 S, jeweils als Coupé und Targa erhältlich. Beim 911 und 912 nur kleine Modellpflegemaßnahmen, der 912 erhielt die bisher optionale Fünfgang-Schaltung serienmäßig. 30 PS stärker als der 911 ist der 911 S. Die 160 Pferde resultieren aus einer umfangreichen Motormodifikation: Höhere Verdichtung, geschmiedete Leichtmetallkolben, andere Nockenwellen, größere Ventile, modifizierte Vergaser. Dazu Fahrwerksoptimierung: Koni-Stoßdämpfer und Stabilisatoren, rundum innen belüftete Scheibenbremsen – eine Sportskanone, die Tempo 225 rennt und innerhalb von 7,6 Sekunden auf 100 km/h spurtet. Porsche nannte den 911 S im Prospekt vom Juli 1966 »die Synthese aller Wünsche, die anspruchsvolle Automobilisten an das moderne Fahrzeug unserer Zeit stellen«, er sei »mehr als ein Reisewagen, mehr als ein Sportwagen«, und Porsche verweist auf die ersten Sporterfolge mit dem 911. Letztendlich ging der 911 S auf den für die Rallye Monte Carlo 1965 getunten Ur-Elfer zurück. Optisches Erkennungsmerkmal des Porsche 911 S sind seine geschmiedeten Leichtmetallfelgen von Fuchs. Leichtmetallfelgen waren damals eine Sensation, allenfalls von Rennwagen bekannt. Porsche entschied sich sogar für die feinere Version der Alufelge, geschmiedet statt gegossen. Bei der geschmiedeten Variante ist der Werkstoff noch fester, und somit ist die Felge noch leichter. Denn darum geht es ja, zumindest im offiziellen Duktus: Die ungefederten Massen sollen minimiert werden. In Wirklichkeit sind Leichtmetallfelgen schön und schick und modisch und Ausdruck von Sportlichkeit und Geld. Aber sie sind weder sicherer noch komfortabler noch verbessern sie die Fahrleistungen. Sie haben sogar Nachteile gegenüber Stahlfelgen. Eine Stahlfelge ist weicher und kann trotz kleiner Beschädigung (Randsteinberührung) durchaus noch brauchbar sein. Donnert man mit einer Alufelge zu sehr gegen den Bordstein, geht sie aufgrund ihrer Härte und Festigkeit kaputt. Aber Alufelgen, und speziell die Fuchs-Felgen von Porsche, sehen eben verdammt gut aus. Hersteller ist die Otto Fuchs AG in Meinerzhagen im Lohnauftrag Porsches, Designer der Fuchs-Felge ist Ferdinand Alexander Porsche. Die Fuchs-Felge war anfangs einfarbig silbern, ab 1969 im Hintergrund schwarz hinterlegt, später komplett schwarz. Jeder Porsche 911 oder 912 konnte mit Fuchs-Felgen aufgewertet werden – und das taten viele Eigentümer aus Gründen des Renommees -, und die alten 15-Zoll-Fuchs-Felgen sind heute wieder als Neuteil bei Porsche-Classic lieferbar. Weitere optische Eigenheiten des 911 S sind die verchromte Türschweller-Zierblende, verstärkte Profilgummileisten an den Stoßstangen sowie die serienmäßigen Halogen-Nebellampen.

Zum Modelljahr 1967 hielten richtig bunte Farben Einzug in die Palette. Bahamagelb war schon ziemlich mutig, Blutorange allerdings der Abschuss. Wer seinen 911 S in Blutorange bestellte, war in bürgerlichen Kreisen stigmatisiert. Wir schrieben 1967. Die '68er waren noch nicht erfunden.

Steht ihm verdammt gut, das Blutorange. Selbst ohne Einspritzung. Porsche 911 L von 1968, in dieser Farbe im schattigsten Tale noch erkennbar, selbst wenn der eigene Standpunkt der schroffste Gipfel war.

Auf Basis des 911 S entstand 1967 eine zehn PS stärkere Rallye- und Racing-Version, der 911 R. Auf diesem Wagen gewann Vic Elford auf Anhieb die Europameisterschaft 1967. 23 Exemplare entstanden beim Stuttgarter Karosseriebauer Karl Baur inklusive vier Versuchswagen. Kurz gesagt war der 911 R eine Kombination aus dem karosserie- und ausstattungsmäßig abgemagerten Serien-911 mit dem 210 PS starken Motor des Porsche 906 Carrera 6. Erfolge waren unter anderem der Marathon de la Route, eine 84-Stunden-Prüfung auf dem Nürburgring, bei der der 911 R mit Sportomatic siegte. Auch die Tour de France de l'Automobile 1969 gehört zu den herausragenden Siegen der Saison 1969. Der Porsche 911 R trug, wie die Rallyeautos desselben Jahrgangs, jene berühmt gewordenen Rallyestreifen in Höhe des unteren Türabschlusses, die sich ins Gedächtnis eines jeden kleinen Buben eingruben: ein Dreifachstreifen, oben und unten schmal, in der Mitte dick und unterbrochen vom Namen »PORSCHE« in Großbuchstaben. Fast jedes Porsche-911-Spielzeugauto, und es gab deren viele, trug diesen Rallyestreifen an den Flanken.

Zum Modelljahr 1968 (A-Serie) gab es wieder einen neuen Porsche 911, den 911 T. Der Buchstabe steht für »Touring«, gleichbedeutend mit »Reise« und hatte nichts mit dem italienischen Karosseriebauer gleichen Namens zu tun. Das war nun das Einstiegsmodell in die Baureihe, und der seitherige Porsche 911 wurde zum 911 L (= Luxus) befördert. Die Ausstattung des 911 T entsprach derjenigen des vierzylindrigen 912, am Armaturenbrett fünf Rundinstrumente ohne Öldruck- und Ölstandsanzeige, insgesamt etwas schlichter. Die Heckschriftzüge beim 911 T und dem weiterhin angebotenen 912 sind silbern (911 L und 911 S tragen stolz goldene Schriftzüge). Der 911 T muss mit einer Viergangbox auskommen, und auch der 912 verlor das im vergangenen Jahr zum Serienumfang geadelte Fünfgang-Getriebe wieder. Während der 912 mit 90 PS auskommen muss, liegt der 911 T mit seinen 110 PS genau in der Mitte zwischen dem Vierzylinder und dem 911 L mit 130 PS.

Me and my Porsche: Stolzer Besitzer, schöner roter Porsche, phantastischer Hintergrund. Aufnahme vom Juli 1969.

Es gab Änderungen für alle Varianten. Nicht mehr verchromt, sondern mattschwarz sind die Scheibenwischerarme, und in Ruhestellung liegen sie nun links. Der Türschließmechanismus wird in Sinne der Unfallsicherheit modifiziert und die Targa-Modelle können gegen Aufpreis mit einer fest eingebauten, beheizbaren Heckscheibe aus Sicherheitsglas bestellt werden. Der 911 S behält seine Koni-Dämpfer, alle anderen Typen erhalten Boge-Stoßdämpfer. Alle Modelle haben nun eine Zweikreis-Bremsanlage, der 911 L profitiert von den innen belüfteten Scheibenbremsen des 911 S.

Texas-Targa: Der USA-Export florierte, kleine europäische Sportler waren äußerst beliebt zu Zeiten, als der durchschnittlichste Chevy Impala 5,50 Meter lang war und 1600 Kilo wog.

Räder machen Autos. Die Fuchs-Felge macht den Porsche aus. Sie hatte in Porsche-Kreisen denselben Stellenwert, wie zeitgleich die Halogen-Doppelscheinwerfer des Mercedes 300 SEL 6.3 unter den S-Klasse-Fahrern. Jeder 280 SE wurde nachgerüstet. Das Cover des 911-S-Prospektes vom September 1966 besteht quasi nur aus der Felge.

Plötzlich war sie unmodern, die typische Stahlfelge, die schon der 356 C getragen hatte. Das ist die Serienausstattung aller, außer dem 911 S: Dunlop SP 57-Gummis der Dimension 165 HR 15. Passt auch auf den Käfer.

Oft verbaut, wenig geliebt: Gegossene ATS-Leichtmetallfelgen, auch mit Dunlop SP 57-Pneus, aber 185/70 VR 15. Niederquerschnitt musste 1973 sein.

Ein künstliche Zusammensetzung aus »Automatik« und »Sport« ist das Wort »Sportomatic«. Das ist ein halbautomatisches Getriebe, bei dem der Kupplungsfuß Ruhe hat, der Pilot aber dennoch im Getriebe rühren muss. Bewegt er den Schalthebel, so wird die Kupplung von einem durch Unterdruck gesteuerten Servomotor betätigt. Ein hydraulischer Drehmomentwandler (= Strömungsgetriebe) ersetzt die Anfahrkupplung. Das Prinzip war seit dem Vorjahr bekannt gewesen, als der Volkswagen 1500 Käfer diese Art Kupplung zum Modelljahr 1967 erhalten hatte. Die Sportomatic war für alle Sechszylinder-Porsche lieferbar (Aufpreis 1000 D-Mark), die Höchstgeschwindigkeit reduzierte sich um rund 5 km/h, auf die Beschleunigungszeiten hatte die Sportomatic nahezu keinen Einfluss. Der 912 wurde nicht damit angeboten.

Einspritzung hielt zum Modelljahr 1969 (B-Serie) Einzug. Der Porsche 911 S sowie der 911 E als Nachfolger des 911 L verlieren ihre Vergaser und bekommen das Benzin fortan eingespritzt, und zwar via mechanischer Einspritzung. Das war im Prinzip nichts Neues. Professor Hans Scherenberg versah bereits 1951 den Gutbrod Superior mit einer mechanischen Benzineinspritzung, und als er später beim Daimler schaffte, hielt das Prinzip im Mercedes 220 SE erstmals Einzug in den

Großserienbau. Entwickelt worden war es für den Flugmotorenbau von Daimler-Benz zusammen mit Bosch in den frühen 30er Jahren, daimlerseits unter der Leitung von Hans Scherenberg. Als sich Porsche für die mechanische Benzineinspritzung entschied, gab es bereits eine elektronische Benzineinspritzung (Bosch D-Jetronic), verbaut zum Beispiel im Volkswagen 1600. Aber sie steckte damals in den Kinderschuhen und war nicht ausgereift und zuverlässig. Porsche hielt übrigens sehr lange an der mechanischen Einspritzung fest (bis 1976 im 911 Carrera), und der letzte Mohikaner mit mechanischer Benzineinspritzung war der bis 1981 gebaute Mercedes 600. Beide eingespritzten Porsche gewannen durch die Doppelreiheneinspritzpumpe von Bosch jeweils zehn PS Leistung (140 im 911 E und 170 im 911 S): letzterer avancierte dadurch zum Superlativ: Mit 85 PS pro Liter Hubraum hatte er die höchste Literleistung aller luftgekühlten Serien-Saugmotoren. Der Porsche 911 T behielt seine althergebrachte Gasfabrik, nämlich zwei Weber-Dreifachvergaser.

Ungewohnter Anblick, aber kein Prototyp: Vereinfachte Frontgestaltung beim Porsche 911 R, im Dezember 1967 als Sportgerät präsentiert. Die Frontschürze ist aus Kunststoff.

Auch hinten vereinfacht, zwei simple Rundleuchten. Die Schrankwand mit Porsche-Schriftzug ist keine solche, sondern der legendäre Porsche-Renntransporter mit Schenk-Aufbau auf Basis Mercedes O317, links im Bild der kleine Renntransporter, ein Mercedes LP608 mit Kofferaufbau.

Die Herren und das Auto: 1968er 911 S Targa mit (v. li.) Ferdinand Piëch (Entwicklungsleiter), Ferry Porsche (Vorstandsvorsitzender), Hans-Peter Porsche (Produktionsleiter) und Ferdinand Alexander Porsche (Chefdesigner).

Porsche im Breitensport: 911 L beim Start des Großen Preises der Tourenwagen auf dem Nürburgring am 7. Juli 1968. Den Porsche pilotierten Dieter Fröhlich und Ben Pon auf Platz 4, den Sieg fuhr der BMW 2002 dahinter ein, am Steuer Hubert Hahne und Dieter Quester.

Weitere Änderungen brachte das Modelljahr 1969 mit sich, teilweise richtig tief greifende. Der Radstand wurde um 57 auf 2268 Millimeter verlängert. 911 E und 911 S bekamen Sechszoll-Fuchs-Alus, was eine Karosserieänderung bei allen Porsche mit sich bringt: Damit die breiteren Räder frei drehen konnten, wurden die Radläufe ausgestellt. Den 911 E machte Porsche zunehmend zu einem komfortablen Reisecoupé und nahm ihm ein wenig der sportlichen Härte. Der mit Sportomatic ausgestattete 911 E konnte auch mit komfortablen 185-HR-14-Reifen ausgestattet werden, und er erhielt vorne hydropneumatische Federbeine, eine Art automatisch arbeitende Niveauregulierung (die light-Version der Citroën-Innovation). Optische Neuerungen des Jahrgangs 1969: Lüftungsschlitz rechts und links am Überrollbügel des Targa, größere Vorderblinker und kleinere Hupengitter, zwei kleine Batterien statt einer großen zur besseren Gewichtsverteilung, wodurch die Graugussgewichte in den vorderen Stoßstangenecken überflüssig wurden, Detailmodifikationen im Innenraum. Für den 911 T offerierte Porsche das Comfort-Ausstattungspaket, das ihn auf das Karosserie- und Fahrwerksniveau des 911 E empor hob.

Verwandtschaftsverhältnisse bestehen, gleiches Blut fließt in den Adern. Trotz ähnlichem Erbgut schlugen die Beiden unterschiedliche Wege ein. Porsche 911 T 2,0 von 1968.

Je nach Ausstattung: Metallblende im Mittelteil des Armaturenbretts beim 912 und 911 T (Bild), mit genarbtem Kunstleder verkleidet beim 911 L und 911 S, Jahrgang 1968.

»4 in einem«: Die Funktionsweise des Targadaches wollte wohl erklärt sein. Das war neu. Das kannte damals keiner. Auszug aus dem Prospekt vom August 1967.

Zum Anbeißen: bonbonblauer Porsche 911 T Targa von 1968. Der blaue Wagen trägt die fest installierte Glas-Heckscheibe, der dunkelbraune daneben die herausnehmbare Folienscheibe (»Softwindow«).

Dumm gelaufen: Mai 1968, auf dem Nürburgring beim 1000-Kilometer-Rennen. Der 911 T von Werner und Willy Zanders in nicht mehr gebrauchsfähigem Zustand.

Fit für das Skiwochenende in Kitzbühel: 1969er 911 S mit Dachgepäckträger. Wer mit diesem Wagen Richtung Piste fuhr, hatte schnell ein fesches Ski-Haserl auf dem Beifahrersitz.

1970 starben der Neunelfer mit 2-Liter-Motor sowie der vierzylindrige 912. Von ihm wurden zwischen April 1965 und August 1969 insgesamt 30.745 Exemplare gebaut, darunter 2544 Targa. Fortan übernahm der VW-Porsche 914 die Rolle als Einsteigermodell. Für den US-Markt sollte es ausschließlich im Modelljahr 1976 nochmals eine Wiederauflage geben, den 912 E mit Vierzylindermotor aus dem VW/Porsche 914 2.0.

Beim Sechszylinder vergrößerte Porsche bei der C-Serie die Zylinderbohrung von 80 auf 84 Millimeter, daraus resultieren 2195 statt 1991 cm³. Kurbelgehäuse aus Magnesium, Kurbelwellen aus geschmiedetem Stahl, Kolben aus Leichtmetallguss, beim 911 S geschmiedet, kontaktgesteuerte Kondensatorzündung von Bosch. Beim 911 T Solex- statt Webervergaser, Einspitzung beim 911 E und S unverändert. Durch die Hubraumvergrößerung erfolgte eine Leistungssteigerung: 911 T 125 statt 110 PS, 911 E 155 statt 140 PS, 911 S 180 statt 170 PS. Stärkere Kupplung wegen Leistungsplus. Sportomatic nicht mehr für 911 S. 911 T nun auch mit innen belüfteten Scheibenbremsen. Karosserieänderungen zum Modelljahr 1970: Motorhaube und Heckmittelteil aus Aluminium statt Stahlblech beim 911 E und 911 S, Bodengruppe aus verzinktem Stahlblech, PVC-Unterbodenschutz. Neue Türgriffe, zu betätigen durch Drücken eines Hebels auf der Innenseite. Zusatzheizung für den 911 S. Für die Rallye-Marken-Weltmeisterschaft 1970 kitzelte Porsche aus dem 2,2 Liter 180 PS und erleichterte den Porsche 911 S/T durch Kunststoff-Karosserieteile (Stoßstangen, vordere Haube, Plexiglasfenster außer der Windschutzscheibe). Porsche ließ kein Ereignis aus und nahm sogar an der berüchtigten East African Safari teil. Die Königin aller Rallyes, die Monte Carlo, gewann der Ur-Elfer in den Jahren 1968, 1969 und 1970.

Lauschig, idyllisch, pittoresk: Typisches Ambiente für ein Werbefoto. Porsche 911 T Targa 2,0 von 1969.

Entweder regnet es in der Eifel oder es schneit. Hans-Dieter Blatzheim und Malte Huth beim ADAC-1000-km-Rennen auf dem Nürburgring 1969 im 911 T 2,0.

Zwei G'spritzte: Porsche 911 E 2,2 und 911 S Targa 2,2 von 1970 oder 1971 in Eintracht.

Nach den umfangreichen Modifikationen für das Modelljahr 1970 ließ es Porsche bei der D-Serie ab September 1970 (Modelljahr 1971) ruhig angehen. Nur Detailmodifikationen; die abgemagerte Privatfahrer-Rennsportversion des 911 S kam in diesem Jahr auf 240 PS. Mehr Neues gab es bei der E-Serie, dem Modelljahr 1972. Das Wichtigste ist die erneute Hubraumvergrößerung von 2195 auf 2341 cm³. Damit ging wieder eine Leistungssteigerung einher: 911 T 130 statt 125 PS, 911 E 165 statt 155 PS und 911 S 190 statt 180 PS. Aber darum ging es nur in zweiter Linie. Erstrangig für Porsche waren die veränderten Abgasgesetze im Hauptexportland USA. Porsche musste die Motoren niedriger verdichten, weil dort hochoktaniger Sprit nicht mehr verfügbar war. Damit wurde der Porsche normalbenzintauglich. Die von Jahr zu Jahr steigende Leistung mit erhöhtem Drehmoment bedingte zum Modelljahr 1972 ein neues Getriebe. Nicht mehr konventionelles H-Schaltschema, vielmehr sitzt der erste Gang vorne links. »Four on the floor« ist für alle Modelle serienmäßig, optional Fünfgang-Getriebe oder Viergang-Sportomatic. Auf der Beifahrerseite hinter der Türe unterhalb des Fensters befindet sich beim Porsche 911 dieses Jahrgangs eine Klappe. Dahinter verborgen ist der Öleinfüllstutzen, denn der Öltank sitzt zur besseren Gewichtsverteilung vor der Hinterachse. Weitere optische Eigenheiten des 1972er Porsche 911: Drei Millimeter mehr Radstand, die zuvor beim 911 E serienmäßige hydropneumatische Vorderradfederung ist für alle Modelle gegen Aufpreis erhältlich, kleiner Frontspoiler beim 911 S (beim 911 T und 911 E als Extra erhältlich), keine vorderen Stoßstangenhörner mehr, was den Wagen optisch breiter erscheinen lässt (wie weiland der Vorserien-901), Lüftungsgitter auf der Motorhaube in Schwarz mit »2.4«-Schriftzug, Schriftzüge mattschwarz. Der 911 E trägt nun serienmäßig Stahlfelgen, aber fast jeder Kunde votiert für die begehrten Fuchs-Alufelgen. Türverkleidungen und Schaltkonsole in Interieursfarbe statt in neutralem Schwarz, keine Ausstattungsunterschiede zwischen 911 E und 911 T mehr, was eine Abwertung des 911 E bedeutet.

Der 911 E war zum Modelljahr 1969 der Nachfolger des 911 L und hatte Einspritzung statt Gasfabrik. Im Bild ein 1970er Coupé.

Der Karlsplatz mit Neuem Schloss in Stuttgart heißt im Volksmund Planie, und der farbenfrohe 911 T sticht hervor. Die sonstigen automobilen Alltäglichkeiten des Jahres 1970 sind allesamt in Unfarben lackiert.

Das letzte Modelljahr des im Nachhinein so genannten Ur-Elfers ist die F-Serie von September 1972 bis August 1973. Höhepunkt dieses Modelljahrs ist der neue 911 Carrera RS 2.7. Doch auch die drei bekannten Neunelfer erfahren Modifikationen. Schwarzer Kunststoff ersetzt verchromten Zinkspritzguss bei den vorderen Hupengittern und den Umrandungen der Blinker respektive der Heckleuchteneinheit, die runden Außenspiegel haben ausgedient, eckige Gehäuse sind Mode. Die Öleinfüllklappe hinter der Beifahrertüre ist verschwunden, der Öltank sitzt wieder hinter der Hinterachse und wird vom Motorraum aus befüllt. Die Öltankklappe hatte für Irritationen gesorgt. Es gab Tankwarte, vor allem im Ausland, wo der Neunelfer nicht so bekannt war, die hier Benzin einfüllten. Die höherwertigen Neunelfer bekamen ein Faltre-

Le Mans 1970, Erwin Kremers Porsche 911 S 2,3.

serverad (spart Platz im Kofferraum) und einen Kunststofftank. Für den 911 T war beides optional erhältlich. Der 911 E hatte nun silbern lackierte, gegossene Alufelgen von ATS, für den 911 T ein aufpreispflichtiges Extra. Die Neunelfer-Klientel stand der ATS-Felge (Spitzname: »Hackmesserfelge«) stets skeptisch gegenüber. Mit der F-Serie engagierte sich Porsche auch beim Thema Langzeithaltbarkeit: Die Endschalldämpfer waren aus nicht rostendem Edelstahl gefertigt. Eine ungewöhnliche Hubraumbezeichnung kennzeichnet den Renn-Elfer des Jahrgangs 1972: 2,5 Liter. Porsche selber engagierte sich zunehmend in der Sportwagen- und Prototypenklasse und überließ den Sport mit Serienwagen den Privatfahrern. Ihnen boten die Zuffenhausener 1972 den 911 S 2.5 mit 2466 cm³ an, 270 PS stark und die letzte Rennsportversion des Ur-Elfers. Im Folgejahr sollten sich die Privatpiloten über den Carrera RS 2.7 freuen.

So sieht ein Sieger aus: Auf diesem Porsche 911 S 2,3 fuhren Björn Waldegaard und Lars Helmer bei der Rallye Monte Carlo 1970 allen davon.

Die Targa Florio gehört zu den Rennen, die einem Porsche liegen. Sylvain Garant und Bernard Chenevière bei der Targa Florio des Jahres 1970. Das sizilianische Langstreckenrennen wurde von 1906 bis 1977 ausgetragen.

Wer bei der Targa Florio eine gute Figur macht, kommt als bella machina für den italienischen Sportsmann in Betracht – obgleich die lokale Konkurrenz groß ist. Ein italienischer Kunde übernimmt am 28. Oktober 1970 seinen dunkelbraunen 911 E 2,2 vom Händler.

Rot ist die Farbe des Sportwagens, nicht nur des italienischen. 1971er 911 E 2,2, optisch dank Türschwellerchrom und Fuchs-Felgen identisch zum 911 S.

Grünmetallic war eine typische Farbe während der kompletten 70er Jahre, und wer es nicht mochte, litt ein ganzes Jahrzehnt. Porsche 911 S 2,4 Sportomatic mit ATS-Alus des Baujahrs 1972, aktuell aufgenommen im Porsche Museum.

Selbstklebekennzeichen sind heute etwas ganz Spezielles, die Behörden lassen sie nur nach genauer Prüfung in Ausnahmefällen zu. In den 70er Jahren trug fast jeder Alfa Spider ein Klebekennzeichen und auch am Porsche war es beliebt. Im Bild ein 911 S von 1972 mit kleinem Frontspoiler und ohne vordere Stoßstangenhörner.

Was für eine Farbkombination! Was für ein Foto! Was für ein Auto! 911 T 2,4 von 1972.

Ein bisschen Holz muss sein. Das ist edel, auch wenn es D-C-Fix ist. Blick des Piloten auf die Armaturen beim 911 E 2,4 von 1973.

Der Blick quer durch den Innenraum bei zwei geöffneten Türen offenbart erst, wie fragil die Targa-Karosserie doch ist. Da mussten etliche Längsverstrebungen ran, um sie verwindungsfest zu machen. Bild: 911 E 2,4 Targa in US-Version.

Ein Exportmodell für die USA ist der 911 T mit Bosch-Einspritzung (K-Jetronic) anstelle der beiden Dreifach-Fallstromvergaser, 140 statt 130 PS stark. Die K-Jetronic hatte Bosch in enger Zusammenarbeit mit Porsche entwickelt. Ab dem G-Modell (Modelljahr 1974) kam sie in allen Neunelfern zum Einsatz, auch im Turbo, und nur der 911 Carrera RS behielt die mechanische Bosch-Sechsstempel-Einspritzpumpe.

Der von den Enthusiasten so genannte Ur-Elfer wurde von September 1964 bis August 1973 gebaut, 80.100 Fahrzeuge liefen vom Band. Ihm folgte die weithin überarbeitete G-Serie, landläufig und inoffiziell »G-Modell« genannt (aber so sollte etwas später der Mercedes Geländewagen offiziell heißen).

Zuvor erschien der Hammer, die Bombe, der Star, Deutschlands schnellstes Serienauto, der Carrera. Schon der Name: Man musste ihn einfach mit rollendem »rrrr« aussprechen, ein »rrrr«, das die Beschleunigung auf Tempo 100 in 5,8 Sekunden imitiert. Jeder Junge träumte vom Porsche Carrera, fast jeder Vater auch, und jeder Porsche-911-Fahrer sowieso, denn der Carrera ließ sogar einen 911 S mit satten 190 PS und einer Topspeed von 230 km/h alt aussehen. Damals billigte man ihm die Attribute »toll«, »klasse«, »genial« und »super« zu – die Sprache war in den 70er Jahren etwas braver als heute. Später würde man »geil« sagen, oder sogar »affentittengeil«, heute wohl »echt mega«.

Porsche wandte sich eher an die Hautevolée. Selbst einen gebrauchten Porsche konnte ein armer Schlucker nicht unterhalten. Trotz zeitweiligem Normalbenzinverbrauch war es schon immer etwas Besonderes, einen Porsche zu besitzen. Und etwas sehr Schönes!

Wenn der Porsche-Fahrer vor dem Einschlafen mit geschlossenen Augen, aber noch im Wachzustand an etwas Schönes denkt, dann hat er sich selber in seinem knallgelben 1973er 911 T vor Augen und sieht diese menschen- und fahrzeugleere Autobahn ohne jegliche Tempobeschränkung. Mit dieser Vorstellung schläft er ein und träumt wunderbar.

Ausstellungsstück der Polizei in Nordrhein-Westfalen: Die dortige Autobahnpolizei erwarb 1966 sieben 912 Targa und 1968 acht 911 T Targa, einer davon im Bild.

Überholprestige: Porsche 911 2,0 Targa von 1967 bei der Düsseldorfer Polizei. Was für ein Arbeitsplatz für die Beamten!

Weiße Mäuse: Der Porsche 911 als Polizeiauto

Zu den Kunden vor allem des 911 Targa zählten auch die Polizeibehörden, die auf Autobahnen traditionell Porsche-Streifenwagen einsetzten. Vor allem die Länder Baden-Württemberg, Nordrhein-Westfalen und Niedersachsen beschafften etliche Porsche Targa, zum Begleitkommando des Bundespräsidenten und Bundeskanzlers gehörten auch einige Exemplare. Das Ausland kaufte ebenso ein, zum Beispiel die niederländische Rijkspolitie und die österreichische Gendarmerie, auch Skandinavier setzten den Porsche Targa auf Autobahnen ein.

Lange Tradition: Die Polizei kaufte gerne Porsche-Sportwagen. Für die holländische Reichspolizei hatte Porsche im Mai 1966 sogar nochmals eine letzte, kleine Serie von zehn offenen 356 C aufgelegt, nachdem dieser Typ längst ausgelaufen war. Im Bild erneut der Düsseldorfer Targa von 1967.

Auf Autobahnen war und ist der 911er daheim, dort wurde er eingesetzt, denn Autobahnen wurden schon immer als Fluchtwege bei Verbrechen genutzt. Die Zahl der Polizei-Elfer war begrenzt. Der Grund lag im Preis, aber auch in der geringen Ladekapazität. Polizeiequipment benötigt Platz, und diesen hatte der Porsche 911 nur begrenzt zu bieten. Aber die französischen Kollegen mussten sich noch mehr beschränken: Die Gendarmerie nutzte zeitgleich auf der Autoroute den Sportler Alpine-Renault A110. Der war noch kleiner. Selbst ein Jubiläums-Porsche ging an die Polizei: Der 1.000.000ste Porsche wurde am 15. Juli 1996 an die Polizei Baden-Württemberg übergeben, ein 911 Carrera 3,6 Coupé.

Heimatnah eingesetzt: Porsche 911 Coupé 2,4 Liter von 1971/72 bei der Stuttgarter Autobahnpolizei.

Mit Lautsprecher auf der Motorhaube, Rundumleuchte und einer Batterie an Signalhörnern vorne: Die Autobahn-Porsche trugen den Spitznamen »Weiße Mäuse«, im Bild ein baden-württembergisches Coupé.

Delikates Foto, jenseits des Eisernen Vorhangs. Porsche zeigte auf Ausstellungen in der DDR Präsenz und auf der Leipziger Herbstmesse 1968 dieses Polizeiauto. Delikat ist es deswegen, weil sich der Eindruck einer Botschaft aufdrängt: In Eurem Land ist man froh, einen Trabant oder Wartburg zu haben. Und bei uns im Westen sind sogar die Dienstwagen von Polizisten Porsche. Ob das so gut ankam, damals in Leipzig?

911 beim schweizerischen TÜV

In Deutschland spricht man landläufig vom TÜV, in der Schweiz von der MFK (= Motorfahrzeugkontrolle). In der Schweiz ist es üblich und wird gefordert, dass das zur Prüfung vorfahrende Auto oben und unten gereinigt ist, auch der Motor. Und der Fahrzeughalter wird schriftlich zur MFK vom kantonalen Straßenverkehrsamt eingeladen. Der Züricher Porsche 911 S ist sauber, auch der Motor.

Auf dem Bremsenprüfstand. Die Fuchs-Felgen sind schwarz hinterlegt, Schwarzer Kunststoff statt verchromtem Zinkspritzguss an den vorderen Hupengittern und den Umrandungen der Blinker respektive der Heckleuchteneinheit, also ein Ur-Elfer des letzten Modelljahrs 1973.

Der 911 S in Geminimetallic, der schwarze Streifen auf der Haube nachträglich lackiert. Gefolgt wird der Porsche von einem Lancia Fulvia Coupé, rechts ist ein Ford Granada Turnier zu sehen. Der Fahrer wartet geduldig, bis ihm der Prüfer in der Grube zu verstehen gibt, er möge das Lenkrad hin- und herdrehen. Der Mann in der unteren Etage überprüft das Lenkspiel.

Eine kurze Probefahrt auf dem Hof, der Eigentümer als Beifahrer, der Prüfer am Steuer. Es wird schon gut gehen. Sowohl der Porsche als auch sein Herr sehen seriös aus.

Er hatte als erster die Null in der Mitte: Peugeot 201 von 1929.

Exportschlager: Porsche Nine-Eleven von 1967 vor der Skyline von New York.

Die Null in der Mitte und eine bekannte Notfallnummer

Peugeot besaß einen Markenschutz auf Fahrzeug-Modellbezeichnungen als dreistellige Zahlen mit einer Null in der Mitte. Im Oktober 1929 erschien mit dem Typ 201 der erste derart chiffrierte Peugeot, und die Franzosen pflegen diese Manier bis heute, wenn auch nicht mehr konsequent, sondern mit mehreren Nullen in der Mitte. Damals allerdings trug jeder Peugeot eine entsprechende Typbezeichnung (403, 404, kurz nach dem Porsche-901-Debüt auch noch 204). Porsche nannte den 901 ganz einfach 911. Das war sogar eine recht gute Entscheidung. In den USA war nine-eleven seit 1957 die Feuer-Notfall-Telefonnummer (das gilt noch heute) und somit als Ziffer einem breiten Publikum bekannt. Erst nach den Terroranschlägen in den USA am 11. September 2001 bekam nine-eleven international eine ganz andere Bedeutung. Doch weil ein etablierter Sportwagen nicht mit dem Datum von Terroranschlägen konnotiert wird, schadete es Porsche in keiner Form, auch nicht auf dem US-Markt, dass nine-eleven seit 22 Jahren eine weitere und weit reichende Bedeutung hat.

Im Wilden Westen: 1968er Porsche 911 2,0 Targa in einem US-Städtchen, in dem die Zeit stehen geblieben ist. Vielleicht auch nur die Kulisse für einen Western-Film.

Kapitel Vier

Für die Ewigkeit gebaut: Das Porsche-Langzeitauto

Der Rost, die braune Pest, raffte die Fahrzeuge in den 70er Jahren weg. Damals hielt ein Auto normalerweise maximal zehn Jahre. Der frühe Rosttod lag nicht an der Karosseriekonstruktion. Die Gründe lagen in anderen Bereichen: geringe Blechstärke, minderwertige Blechqualität, unausgegorene Fertigungsmethoden, übermäßiger Gebrauch von Streusalz im Winter.

Aus Kostengründen verwendeten einige Hersteller wieder aufbereitetes Schrottblech, teilweise aus der Sowjetunion. Das hat beispielsweise den Jahrgang 1975 des VW/Audi-Konzerns komplett dahingerafft. Die Stahlkrise war schuld, eine Strukturkrise in der Stahlindustrie mit mehreren Ursachen. Die deutsche Stahlindustrie reagierte mit Verkaufskartellen auf die weltweite Überproduktion und hielt damit deutschen Stahl künstlich teuer. Dann kam die Ölkrise 1973/74, in deren Folge die Energiekosten explodierten. Stahlkocherei ist ein energieintensives Geschäft, und so wurde deutscher Stahl noch teurer. In fremden Ländern wurde die Stahlpro-

»Forschungsprojekt Langzeitauto« ist ein Wort, das auszusprechen lange Zeit in Anspruch nimmt. »FLA« ist kürzer und technischer, und Porsche stellte das FLA (intern: Porsche-Typ 1989) 1973 auf der IAA vor.

duktion staatlich hoch subventioniert, deren Produkte wurden für europäische Hersteller plötzlich preislich interessant. Entwicklungsländer bauten mit Entwicklungshilfegeldern (unter anderem aus Deutschland!) moderne Hütten- und Stahlwerke direkt ans Meer und belieferten den Weltmarkt, auch die Sowjetunion entwickelte sich zum bedeutenden Stahlexporteur. Weil schon damals Rohstoffe so billig wie möglich eingekauft wurden, erlebten einige Automobilhersteller ihr verspätetes Waterloo mit rezykliertem Schrottstahl dubioser Herkunft. Das war sicherlich nicht die Absicht der Herren Einkäufer, aber diese Fehlentscheidungen wurden eben erst in ihrer Spätwirkung mit einigen Jahren Verzögerung ruchbar, und da war die Sache nicht mehr rückgängig zu machen. Der Imageschaden war immens, manche Marken litten sehr lange darunter. Ebenfalls ein Grund für die schlechte Karosseriequalität waren neue Fertigungsmethoden am Fließband. Zunehmend wurde der Mensch durch die Maschine ersetzt. Roboter machen, sofern sie richtig programmiert sind, keine Fehler. Sie richtig zu programmieren ist aber eine Kunst. In den 70er Jahren nahmen die Automatisierungsprozesse am Band rapide zu, und wie bei jeder Veränderung gab es auch hier Anlaufschwierigkeiten, die einen automobilen Jahrgang völlig ruinieren konnten.

Vollverzinkte Bleche und Heißwachsflutung sind Kinder der 80er Jahre, frühe Überlegungen in den 70ern von Porsche zum Thema Langzeitauto waren die Ausnahme. Porsche machte sich sehr früh Gedanken über das »Langzeitauto« und präsentierte auf der IAA 1973 die Studie Porsche FLA (= Forschungsprojekt Langzeitauto), ausgelegt auf 20 Jahre Lebensdauer und 300.000 Kilometer Alltagsbetrieb. In den frühen 70ern war der Club of Rome sehr populär, ein internationaler Expertenzusammenschluss, Zukunftsprobleme der Menschheit, Nachhaltigkeit und Umweltschutz sind seine Zielrichtung. Die Volkswagenstiftung finanzierte eine Studie des Club of Rome zur Zukunft der Weltwirtschaft, die als Bericht namens *Die Grenzen des Wachstums* 1972 publiziert wurde und die Organisation in aller Munde brachte. Denn er wurde äußerst kontrovers diskutiert. Etliche Firmen, auch sehr große, nahmen ihn sich zu Herzen und reagierten – quasi eine erste Form des »Corporate Purpose«, also eines »höheren Zwecks« jenseits der wirtschaftlichen Gewinnorientierung, die einem Unternehmen zu eigen ist. So auch Porsche. Porsche nahm sich den Abschnitt in Die Grenzen des Wachstums zu Herzen, welcher besagt, dass Auto Fahren im 21. Jahrhundert nur durch Nachhaltigkeit und Dauerhaftigkeit möglich sein werde. Pro Jahr wurden damals zwölf Millionen Autos verschrottet – aber keine Rohstoffe wurden rezykliert. Porsche erachtete die Studie als seriös, machte sich ans Werk. Der Porsche FLA war ein unglücklich gestalteter 75-PS-Mittelklassewagen mit vier Sitzen. Eine eigentliche Karosserie gab es nicht, der Anteil an Aluminium und Edelstahl war hoch. Das Fahrzeug verblieb im Prototypenstadium, mehr war auch nicht erwartet worden, aber es schob die Diskussion an. Und das war es, was Porsche wollte.

Niemand behauptet, das Porsche FLA sei schön. Das einzig Schöne daran sind die Fuchs-Felgen. Aber das »Ding« sollte auch nicht schön sein und kein potenzielles Serienauto darstellen. Es sollte ein Diskussionsbeitrag sein, und das war es auch. Hinter der Studie steckte, natürlich neben Porsche selbst, auch das Bundesministerium für Forschung und Technologie. Zu den Erkenntnissen der Nachhaltigkeit gehört auch eine dauerhafte Karosserie, und kurz nach der Studie, 1975, präsentiert Porsche am Elfer beidseitig feuerverzinkte Bleche.

Doppelscheinwerfer und kein Grill: Was das Porsche Design-Team kreierte, trägt durchaus Anleihen an den ein Jahr später präsentierten VW Golf. Aber der rostete anfangs schon im Verkaufsraum, denn VW verwendete wieder aufbereitetes, italienisches Schrottblech.

Unverkennbar Porsche, und ein bisschen Golf mag darin auch versteckt sein. Antrieb des Porsche FLA ist ein 2,5-Liter-Motor mit 75 PS, der das Auto 160 km/h schnell macht. Mit diesem Auto schockierte Porsche die Zunft. In den frühen 70ern rosteten Durchschnittsautos nach sechs Jahren durch, und Porsche wagt eine Studie zu einem Auto, das 20 Jahre und 300000 km lang halten soll. Porsche beschwor damit die »Grenzen des Wachstums«.

Wider die Wegwerfmentalität: Das FLA hatte seinen großen Auftritt auf der IAA 1973, und auch intern auf dem Werksgelände wurde es neugierig, ja skeptisch beäugt. Dann wanderte das Porsche FLA ins Museum, wo es heute noch steht. Es hat also schon 50 Jahre gehalten. Aber angesichts der vielen 911 G-Modelle auf der Straße muss man Porsche zugestehen, generell Langzeitautos zu bauen.

Doch nicht nur einen theoretischen Überbau wollte Porsche bieten, sondern auch selbst Tatsachen in Serie liefern. Was Zuffenhausen vorlebte und den Mitbewerbern ins Gewissen redete, wurde auch am eigenen Fließband beherzigt. Schon seit 1969 konservierte Porsche die Karosseriehohlräume, ab 1972 waren die Endschalldämpfer aus nicht rostendem Edelstahl gefertigt. In den 70er Jahren ging Porsche beim Korrosionsschutz neue Wege und verbaute zunehmend Teile aus rostfreien Materialien. Feuerverzinkte Bleche verwendete Porsche und gab 1976, erstmals in der Automobilgeschichte, auf die Bodengruppe eine Rostschutzgarantie von sechs Jahren. Der Porsche wurde zum tatsächlichen Langzeitauto. Zudem gab Porsche eine Vollgarantie für das erste Jahr, und zwar ohne Kilometerbeschränkung. Ab 1980 sogar sieben Jahre Durchrostungsgarantie, und das nicht nur auf die Bodengruppe, sondern die gesamte Karosserie. 1986 erweiterte Porsche die Gewährleistung noch mehr: 10 Jahre gegen Durchrostung, drei Jahre Lackgarantie, allgemeine Fahrzeuggarantie zwei Jahre ohne Kilometerbegrenzung. Und auf Original-Ersatzteile ebenfalls eine Garantie, ein Jahr. Porsche ist weltweit der erste Hersteller, der zehn Jahre Durchrostungsgarantie gewährte!

Das LFA übrigens erlebte niemals 300.000 gefahrene Kilometer. Aber es erlebt eine schier unendliche Zukunft. Es steht nämlich wohl behütet im Porsche-Museum. Seit 50 Jahren schon.

Einen Versuch wert: Porsche baute ein paar 911er aus bestem Edelstahl, rostfrei, langlebig, sehr teuer, entstanden in Kooperation mit der »Informationsstelle Edelstahl Rostfrei« in Düsseldorf, angeblich drei Fahrzeuge. Zur Demonstration, wie edel der Stahl ist, verzichtete Porsche auf eine Lackierung. John Z. DeLorean machte es ein paar Jahre später nach. Aufnahme 1977 in England.

Kapitel Fünf

Das ultimative Sportgerät: Porsche 911 Carrera RS 2,7

Optisch war es der Entenbürzel und die Kriegsbemalung, die den 911 Carrera RS 2,7 vom serienmäßigen 911 S unterschied. Aber technisch lagen Welten zwischen beiden. Und der Carrera RS nahm bereits etliche Attribute der späteren G-Serie voraus. 500 Stück sollten gebaut werden, um den Porsche Carrera RS in der GT-Sportwagenklasse für den Rennsport zu homologieren. Letztlich wurden es 1580 Exemplare bis Juli 1973, denn die Nachfrage war riesig. Porsche hätte noch mehr verkaufen können. Das lag auch am Preis. Porsche verlangte gerade mal 2500 D-Mark mehr für den Carrera RS 2,7 als für einen serienmäßigen 911 S. Warum? Weil Porsche möglichst rasch die anvisierte Stückzahl an den Mann bringen wollte, um die formellen Voraussetzungen für die Teilnahme am Motorsport zu erfüllen.

So leicht wie möglich sollte der Carrera RS sein, und so verwendete Porsche überall dort, wo es konstruktiv vertretbar war, ein dünneres Karosserieblech als üblich. Selbst die Scheiben bestanden aus speziellem Dünnglas der belgischen Firma Glaverbel. Die hintere Haube mit dem integrierten Spoiler, den das Völkchen alsbald »Entenbürzel« taufte, war aus Kunststoff (ersonnen von den Porsche-Ingenieuren Hermann Burst und Tillman Brodbeck sowie dem Designer Rolf Wiener). Die einteilige Frontschürze trägt ebenfalls einen formintegrierten Spoiler, für damalige Verhältnisse ziemlich tief herab gezogen. Diese beiden aerodynamischen Hilfsmittel verleihen dem Carrera RS eine satte Straßenhaftung. Die hinteren Kotflügel sind bauchiger als beim 911 S, sie müssen besonders breite Schlappen beschützen. Porsche unterschied im Verkauf zwischen dem Carrera RS in Touring- und in Rennsportversion. Zunächst wurde jedes Auto als RSH, also »ohne alles« gebaut und auf der Stuttgarter Stadtwaage gewogen, damit auch wirklich jeder Wagen zur Homologationsanzahl beitrug. Anschließend konnte der Kunde das Auto so belassen (in Einzelfällen geschehen), via M471 zur Sportversion oder mit M472 zur Touring-Version ausbauen lassen, die Rennsportversion war der abgeleitete RSR 2,8 (RSR = Rennsport Rennen). Die Sportversion (272 Mal gebaut) ist noch konsequenter auf Gewichtsersparnis ausgelegt als das Touring-Modell (1308 Exemplare). Bei ihr ist sogar die hintere Stoßstange aus Kunststoff, und Klebestreifen ersetzen hinten und vorne die Gummi-Stoßleisten. Zudem verzichtet die Sportversion auf den Türschwellerchrom à la 911 S. Innen orientiert sich die Touring-Version am 911 S, die Innenausstattung des Sportmodells ist Marke Spartakus: Schalensitze, nahezu keine Garnitur für die Türverkleidungen (Öffnerschlaufe, Zuziehgriff, Fensterkurbel), keine hinteren Sitze, keine hintere Innenraumverkleidung – nicht mal ein Deckel für das Handschuhfach, und die Uhrzeit erfährt der Pilot auch nur durch seine Armbanduhr. Dieses leichte und nackte Modell kostete 34.000 D-Mark, die komfortabler ausgestattete Touring-Version kam auf 36.500 D-Mark. Der Arbeitsauftrag »Umbau Rennauto« kam auf 25.000 D-Mark und machte aus dem Carrera RS 2,7 den Carrera RSR 2,8 mit 2,8 Litern Hubraum und 300 PS.

Der Bürzelporsche ohne Bürzel: cw-Wert-Ermittlung im Windkanal an einem Vorserienfahrzeug.

Anatole Lapines rundliche Porsche-Schöpfungen mit Frontmotor kann man mögen, muss man aber nicht. Unbestreitbar genial war Herrn Lapines Idee des Negativ-Schriftzuges am Carrera RS – im Bild die Probebeschriftung vom August 1972.

Präsentiert wurde der Porsche Carrera RS 2,7 auf dem Pariser Salon im Oktober 1972 und war eine ziemliche Sensation. Sein charakteristischer seitlicher Schriftzug, den die Enthusiasten mit Donauwellen vergleichen und der von Anatole Lapine gestylt wurde, sah bei den Vorserienmodellen anders aus als bei den Serienfahrzeugen (besonders diskrete Kunden konnten ihn abbestellen). Er war bei allen »farbigen« Autos schwarz, ebenso wie die Fuchs-Felgen, bei denen nur der Felgenkranz poliert war. Doch die weißen Porsche Carrera RS 2,7 trugen veritable Farbenspiele. Grand-Prix-Weiß, so das Porsche-Designstudio, korrespondiert am besten mit knalliger Farbe, mit Rot, Blau und Grün. Passend zur Farbe der Schriftzüge präsentierten sich die Fuchs-Felgen in Rot, Blau oder Grün. Die hinteren Räder sind breiter als die vorderen. Das kannte man aus dem Rennsport. Bei einem straßentauglichen, zulassungsfähigen Serienwagen war das bislang unerhört. Die vorderen 15-Zöller entsprechen dem 911 S mit 185/70-VR-15-Reifen; hinten montierte Porsche 7J-x-15-Räder mit Reifen der Größe 215/60 VR 15. Das waren die damals breitesten produzierten Reifen überhaupt! Das Fahrwerk, prinzipiell identisch zum 911 S mit Bilstein-Dämpfern und Stabilisatoren, wurde noch sportlicher abgestimmt.

Und hier nochmals. Der Schrifttypus ist nahezu identisch. Geändert wurde, dass er zuvor positiv und danach negativ dargestellt wurde und dass der haltende Grundstreifen umpositioniert wurde.

Die kollektive Wahrnehmung im Jahre des Herrn 1973 sagte uns allen: Dies ist etwas ganz Großes.

Das Debüt: Präsentation des Porsche 911 Carrera RS 2,7 auf dem Pariser Salon im Oktober 1972, nun mit definitivem Negativ-Schriftzug. Er erlangte ikonographischen Charakter.

Der Hubraum beträgt 2687 cm^3 statt 2,4 Litern. Zwar sind Kurbelwelle, Pleuel, Verdichtung und Steuerzeiten identisch zum 911 S, aber neue Alu-Zylinder mit 90 mm Bohrung und Nikasil-Laufflächen sorgen für mehr Hubraum, 20 PS mehr Leistung und ein deutlich höheres Drehmoment. Nikasil-Laufflächen bedeutet nickeldispersionsbeschichtete Monometall-Aluminium-Zylinder; durch die Beschichtung kaschierte Porsche den Unwillen von Alu, auf Alu zu gleiten. Sowohl die Zylinder als auch die Kolben waren aus einer Leichtmetalllegierung und hätten sich ohne den Nikasil-Überzug nicht miteinander vertragen. An der Tankstelle genügte dem Carrera RS Normalbenzin. Die oberen beiden Gänge der aus dem 911 S bekannten Fünfgang-Box sind kürzer übersetzt, sogar der Schalthebel ist modifiziert. Die meisten Carrera RS tragen einen Getriebeölkühler. In seiner Sportversion eroberte der Carrera RS 2,7 den Superlativ als Deutschlands schnellstes Serienfahrzeug, 5,8 Sekunden für den klassischen Sprint auf Tempo 100, 245 km/h Höchstgeschwindigkeit (die Touring-Version nimmt sich für den Sprint eine halbe Sekunde mehr Zeit). Der 2,7-Liter-Motor sollte zum Basisaggregat der G-Serie für alle Neunelfer werden.

Unbezahlbar, wenn überhaupt jemals einer angeboten wird: Verkaufsprospekt des Porsche Carrera RS 2,7. Für Porsche-Devotionaliensammler ein Highlight.

Der Carrera musste antreten, um im Motorsport bestehen zu können. In der GT-Klasse (Gruppe 4) hatte der 911 S auch gegen hubraumstärkere Wagen bestehen können. In der Tourenwagen-Klasse (Gruppe 2), in der er vor allem gegen die hoch gezüchteten Sprosse von Ford und BMW hätte reüssieren sollen, ging das nicht mehr. Um den Homologationsvorschriften Genüge zu leisten, musste Porsche eine mindestens 500 Exemplare umfassende Serie auflegen. Nachdem der 911 Carrera RS 2,7 weit erfolgreicher war und mehr als die doppelte Anzahl verkauft werden konnte, war Porsche in der Lage, den Wagen sogar für die Gruppe 3 der Serien-GT zu homologieren.

Als schwierigste Rallye der Welt galt damals die Safari-Rallye in Kenia. Sie wollte Porsche nach den zahlreichen Monte-Carlo-Erfolgen gewinnen und schuf aus dem Carrera RS 2,7 einen Safari-Wagen. Er war auf Sieg programmiert, Piloten der beiden Werkswagen waren die Teams Waldegaard/Thorszelius und Zasada/Bien. Hochbeinig kamen die Safari-Porsche daher, sie hatten zehn Zentimeter mehr Bauchfreiheit als ihre Serien-Pendants und umfangreiche Modifikationen. Zum Sieg hatte es nicht gereicht, nur zu Rang Zwei. Nur? Das muss man erst mal schaffen! Aus dem 911 Carrera RS entwickelte Porsche in kleinster Serie (111 Stück) einen Gruppe-4-Rennsportwagen, den Carrera RS 3,0 ab Oktober 1973 mit 2994 cm³ und 230 PS. Er war der erste Neunelfer mit riesigem Heckflügel und er hatte extrem breite Kotflügel für ebenso extrem breite Rennreifen (vorne acht, hinten neun Zoll). Ein reinrassiger Renner war der 300 PS starke 911 Carrera RSR 2,8 für GT-Rennen der Saison 1973, aus dem im Folgejahr der Carrera RSR 3,0 mit 2993 cm³ Hubraum und 330 PS werden sollte. Mit ihm konnte Porsche an der Marken-WM der Prototypen teilnehmen. Die silbernen Wagen im Livrée des Sponsors Martini triumphierten bei der Targa Florio 1973 und bei den 12 Stunden von Sebring, unvergessen ist der Sieg bei den 24 Stunden von Daytona. Privatfahrer dominierten mit diesem Gerät bis 1976 Rundstreckenrennen, Bergrennen und Rallyes. Doch die Turbo-Ära dämmerte, Saugmotoren wurden verdrängt.

Alltagstauglich. Doch er bewältigt den Alltag in der Manier eines Rennwagens. Hinten der »normale« Carrera RS 2,7, vorne der breite, schnelle, siegfähige Carrera RSR 2,8.

Doch auch blaue Donauwellen, gepaart mit ebensolchen Felgensternen, sind attraktiv. Unattraktiv ist keine Kombination, nur eine Frage des Geschmacks.

Der Porsche 911 Carrera RS 2,7 ist heute unter Sammlern der begehrteste Ur-Elfer. Im Mai 2022 wurde von Sotheby's in Monaco ein Exemplar für 1,2875 Millionen Euro versteigert, Erstbesitz, gelber Erstlack, Leichtbau-Version. Das ist ein herausragender Preis. Aber eine halbe Million Euro muss man für einen Carrera RS 2,7 schon hinlegen. Die Echten sind in der Szene bekannt, von den 1580 gebauten existieren noch rund 450 Exemplare. Natürlich gibt es viel mehr davon, umlackierte 911 S, die als wahrste und echteste Carrera RS der Welt angeboten werden. Das ist eine unschöne Begleiterscheinung bei hochpreisigen Automobilen. Aber diese »Halbseidenen« bedeuten keine Gefahr. Wer einen Porsche 911 Carrera RS 2,7 für einen angemessenen Liebhaberpreis kauft, macht dies nicht ohne Expertise von Porsche und ohne sachkundige Hilfe. Und wer es anders macht, ist selber schuld.

Das sind sie. Das sind die Felgen des RS. Das ist die Farbe des RS. Der RS ist keine Evolutionsstufe des Neunelfers, er ist die Eskalationsstufe.

Nicht tiefer gelegt, sondern höher gelegt: Björn Waldegaard und Hans Thorszelius fuhren bei der ostafrikanischen Rallye auf den zweiten Rang. Sie mussten sich einem Mitsubishi Lancer geschlagen geben. Erst 2011, bei der East African Classic Safari, siegte ein Porsche bei dieser Rallye, Björn Waldegaard mit Copilot Mathias Waldegaard.

Das gleiche Prinzip, die gleichen stehenden Pedale, der gleiche lange Schaltknüppel. Eigentlich das gleiche Auto in verschiedenen Entwicklungsstufen. Hoch, martialisch, für den Kampf gerüstet präsentiert sich der Carrera RS 2,7 im Safari-Look.

Unter Palmen: Rallye Corsica 1972, brandneuer Carrera RS in Gesellschaft des französischen Rennflitzers schlechthin, Alpine-Renault A110 Berlinette. Die Scheinwerfer, die links ins Bild lugen, gehören einem Ligier JS2.

Rennsport jenseits des Eisernen Vorhangs: Der Pole Adam Smorawiński in seinem 911 Carrera RS mit dem Kennzeichen 09-29-PV auf der Rennstrecke in Toruń (Thorn) 1973.

Ein dramatisches Auto, ein dramatisches Rennen: Ein Carrera RSR 2,8 bei der Targa Florio 1973. Der Kleine am Rande ist übrigens ein Einheimischer. Kein englischer Austin oder Morris Mini, sondern ein italienischer Innocenti Mini 1001.

960 Kilo Leergewicht, 300 PS Kampfkraft. Der Porsche benötigte Normalbenzin, aber davon reichlich. Carrera RSR 2,8 des Teams Georg Loos bei einem GT-Rennen auf dem Hockenheimring 1973.

Vom RSR wurden 49 Stück gebaut. Jeder Junge kannte ihn. Jeder Junge hatte mindestens einen davon zuhause stehen. Szene in Hockenheim, GT-Rennen 1973.

Carrera. Carrrrera!

»Carrrrera«, das Wort mit den mindestens vier »r«: Die Deutschen kannten es. Vor allem die Buben in den späten 60er Jahren. »Carrera« ist spanisch und heißt »Wettrennen«, ein coche de carreras ist ein Rennwagen. Die Carrera Panamericana war ein legendäres Autorennen in Mexiko, ausgetragen auf öffentlichen Straßen quer durchs Land. Sie wurde zwar nur vier Jahre lang abgehalten (1950 bis 1954) und wegen zu vieler tödlicher Unfälle von der Regierung verboten. Aber ihr Ruf und ihr Name sind legendär. In der kleinen Klasse war Porsche dort sehr erfolgreich, unvergessen bleibt der Sieg Hans Herrmanns, der mit sei-

Der Rennsportwagen und der Rennwagen: Porsche 904 Carrera GTS mit bei Heinkel gebauter Karosserie und 911 2,0 bei der Rallye Monte Carlo 1965.

Der legendäre Porsche Carrera 6 alias 906 im Fahrerlager beim 5. Rhön-Bergpreis am 8. Oktober 1967.

nem Porsche 550 Spyder bei der Carrera Panamericana 1954 einen sensationellen dritten Platz herausfuhr und sich mit seinem kleinen 1,5-Liter-Spyder lediglich zwei Ferrari mit 4,5-Liter-Motor geschlagen geben musste. Porsche war zu Recht stolz und übernahm daher den wohl klingenden Namen für seine Spezialmodelle. Der erste Porsche, der die Bezeichnung Carrera trug, war der 356 in Sportversion. Ihm folgten 1964 der Porsche 904 Carrera GTS, 1966 der 906 Carrera 6 und 1967 der Porsche 910 Carrera 10. Dann kam der 911 Carrera RS 2,7 und weitere Carreras folgten im Laufe der Jahre. Auch der aktuelle Panamera hat seine Bezeichnung vom Straßenrennen, ebenso wie die Designstudie Panamericana von 1989.

Doch das Wort »Carrera« hat noch eine ganz andere Bedeutung. 1963 brachte die Spielzeugfirma JNF (Josef Neuhierl, Fürth) eine spurgebundene Autorennbahn im Maßstab 1/32 auf den Markt und nannte sie Carrera Universal. 1966 folgte die größere Version im Maßstab 1/24, die Carrera 124, und beide waren das Lieblingsspielzeug aller Buben und ihrer Väter bis weit in die 70er Jahre hinein. Sogar Meisterschaften wurden ausgetragen. In den 80er Jahren wurde es still um die Carrera-Bahn, 1985 stellte JNF wegen Konkurs die Produktion ein. Unter neuer Leitung startete die Carrera 124 unter dem Namen Carrera Exklusiv Ende der 80er Jahre wieder, Adressaten waren jetzt aber weniger spielende Buben, sondern erwachsene Sammler. Für sie gibt es die Carrera-Bahn noch heute.

Harmonie in Blau: Ein Porsche 911 war sicherlich kein hoch bauendes Auto. Der direkte Vergleich demonstriert, wie flach der Porsche 906 Carrera ist.

Glück und Seligkeit der kleinen Buben: die Carrera-Bahn, insbesondere die große Carrera 124. Das Bild zeigt den Autor (links) mit Spielkamerad an Weihnachten 1971 zuhause mit seiner nagelneuen Carrera-Bahn.

Der Schöpfer der Donauwellen: Anatole Lapine.

Ohne Bart: Anatole Lapine im Jahre 1969...

Anatole Lapine (1930 bis 2012) ging in die Porsche-Geschichte ein als Stilist der Transaxle-Modelle in den 70er Jahren, und der formal zumindest zu Lebzeiten umstrittene Porsche 928 ist sein Hauptwerk. Lapine war gelernter Autoschlosser. 1951 emigrierte er in die USA und besuchte das Art Center College of Design in Pasadena, ging dann zu General Motors und arbeitete in der Karosserie-Vorausentwicklung unter Bill Mitchell. 1965 wechselte er zur GM-Tochter Opel nach Rüsselsheim, wo er die Leitung des Forschungszentrums übernahm. 1969 warb ihn Porsche ab und er wurde Ferdinand Alexander Porsches Assistent. 1972 avancierte Lapine zum Designchef, nachdem alle Mitglieder der Familie Porsche das Unternehmen (vorübergehend) verlassen hatten. Lapine schuf bis 1988 die Typen 924, 944 und 928. Er ist auch für den stilistisch überarbeiten Porsche 911 der G-Serie verantwortlich. Und für die Donauwellen. Denn eines seiner ersten Werke bei Porsche war die Schöpfung des Flankenschriftzugs für den 911 Carrera RS 2,7. Bei Porsche blieb Lapine bis 1988, sein Nachfolger wurde Harm Lagaay.

...und mit Bart: Anatole Lapine anno 1973.

Ein Ur-Elfer der letzten Jahre, ein Porsche 911 T von 1972/73, in knalligem Gelb im herbstlichen Wald. Trotz Reife blieb er sich bis zuletzt treu, wies keine wesentlichen optischen Änderungen auf. Die sollten erst zum nächsten Modelljahr kommen: Das G-Modell stand bereit.

Kapitel Sechs

Das G-Modell: Wirklich eine neue Generation?

Es kann trefflich darüber gestritten werden, ob das G-Modell ein anderer Elfer ist als der Ur-Elfer. Die einen bejahen dies aufgrund der technischen und optischen Entfernung vom ursprünglichen Porsche 911, der 1963 als Typ 901 präsentiert wurde und 1964 als Porsche 911 in Produktion ging. Andere Stimmen sprechen lediglich von einer sinnvollen Evolution des ursprünglichen Porsche 911, die von 1964 peu-à-peu bis 1989 andauerte. Die Porsche-interne Typnummer 911 spricht dafür, dass Letztere Recht haben. Denn jede Nachfolgegeneration des Fahrzeugs, das offiziell weiterhin bis heute Porsche 911 heißt, trägt eine neue, interne Typnummer: 964 (1988-1994), 993 (1993-1998), 996 (1997-2006), 997 (2004-2012), 991 (2011-2019) und 992 (seit 2019). Jedes dieser Fahrzeuge hat auch einen Designer, denn es trägt ein anderes Design – wenngleich sich dieses weitgehend an die Vorgaben von Ferdinand Alexander Porsche hält, der für den ersten Elfer optisch verantwortlich zeichnete. Das G-Modell hat keinen Designer. Natürlich hat es einen, nämlich eben jenen Ferdinand Alexander Porsche. Aber es hat keinen, der namentlich in Bezug auf das G-Modell erwähnt wird. Denn »Butzi« Porsche war damals Anfang der 70er Jahre nach wie vor für das Porsche-Design zuständig. Und die spezielle Optik des G-Modells entstand nicht ihrer selbst wegen, nicht, um den Elfer moderner oder auch nur anders zu gestalten. Nein, sie entstand als Reaktion auf US-amerikanische Sicherheitsvorschriften, die der Porsche 911 zu erfüllen hatte, um weiterhin in seinem Hauptexportland USA zulassungsfähig zu sein. So gesehen bedeutet das G-Modell also nicht mal ein Facelift um seiner selbst willen, sondern ein erzwungenes Facelift wegen behördlicher Vorschriften in einem wichtigen Exportland. Deshalb tendieren wir zu der Auffassung, das G-Modell ist kein eigenständiger Porsche 911, sondern eine etwas tiefer einschneidende Evolutionsstufe des Ur-Elfers, dessen Leben wir von 1964 bis 1989 als kontinuierlichen Fortschritt betrachten.

Der größte Augenblick: Neuwagenübernahme. Da freut er sich, er ist im siebten Himmel. Jetzt ist auch er ein Porsche-Fahrer. Und dann gleich ein Carrera. Schön!

Rosametallic, nicht nur dieser eine, sondern alle Porsche, die auf der Ausstellung präsentiert werden. Porsche wusste sich schon immer in Szene zu setzen. Offiziell heißt dieser leckere Farbton Sternrubin. 911 Carrera 2,7 Targa, Modelljahr 1974, und der Besucher links trägt eine Recaro-Tüte in der Hand.

Kriegsbemalung, eindeutig. Aber so nannte man das nicht, zumindest nicht offiziell. Denn »Kriegsbemalung« klingt aggressiv, und welcher Autohersteller will schon Aggression mit seinen Produkten verbunden wissen?! Porsche sprach von »Sicherheitsstreifen auf der Fronthaube«. 911 Carrera, Modelljahr 1974.

So vieles ab September 1973, der Einführung des G-Modells, neu war, so vieles blieb auch beim Alten. Und so manches, was neu war, war so neu gar nicht mehr, weil schon der bisherige 911 Carrera RS 2,7 darüber verfügte – nämlich den 2,7-Liter-Hubraum. Es blieb bei zwei Typen, die weiterhin Porsche 911 hießen, dem Coupé und dem Targa. Der Porsche 911 Turbo erschien im September 1974, das Cabriolet im Oktober 1982 und der Speedster folgte im letzten Modelljahr 1989.

Der erstrebenswerteste 911er-Schriftzug, bevor die magischen fünf Buchstaben T-U-R-B-O erschienen.

Der Entenbürzel, bekannt vom Carrera RS 2,7 aus dem Vorjahr. Die Amerikaner hatten ihn damals nie bekommen. Aber nun, zu Zeiten des G-Modells, bekamen sie ihn – wenngleich nur kurzfristig. Die US-Version des Carrera 2,7 des Modelljahrs 1974 trug den Entenbürzel.

Der Anblick tut weh, aber die Tatsache tut Not: Crashtest mit einem 911 Coupé des Modelljahrs 1975, USA-Version.

Blick auf das Fließband. Bei Porsche am Band ging es weniger hektisch zu als an anderen Bändern. Erstes Produktionsjahr des G-Modells, der orangefarbene Wagen, ein 911 S, bekommt den 175-PS-Motor mit Sportomatic implantiert.

Hübsch aufgereiht: Blinker- und Rücklichtgläser. Es muss jemanden gegeben haben, dessen Aufgabe es war, diese Gläser griffbereit zu stapeln. Er war sicherlich stolz auf diese seine Aufgabe.

Genau zehn Jahre nach seiner Präsentation auf der IAA im September 1963 erschien das G-Modell im September 1973, also Modelljahr (MJ) 1974. Die Bezeichnung G-Modell bedeutet Porsche-intern die siebte Evolutionsstufe des Ur-Elfers. Nur die Ausstattungsversion mit dem Suffix S blieb erhalten, einen 911 T und 911 E gab es nicht mehr. Das Grundmodell hieß Porsche 911 (150 PS), darüber rangierten der 911 S (175 PS) und 911 Carrera (210 PS). Alle Elfer hatten einheitlich 2,7 Liter Hubraum und die Bosch-Benzineinspritzung K-Jetronic (Carrera: mechanische Einspritzung). Die Optik: Neu waren die Stoßstangen aus Aluminium mit einem Faltenbalg, hinter der Tankklappe im vorderen Kotflügel eine zweite Öffnung für das Scheibenwaschwasser, hinten eine nicht reflektierende, rote Kunststoffblende mit schwarzem »Porsche«-Schriftzug zwischen den Rücklichtern, innen Sitze mit integrierten Kopfstützen. Der erhöhte Hubraum brachte erheblich mehr Drehmoment mit sich, jeder Porsche fuhr sich angenehm und war alltagstauglich. Der Carrera mit seinen gewaltigen Fahrleistungen erforderte etwas mehr Achtsamkeit. Die Einspritzung senkte den Benzinverbrauch genau zur rechten Zeit, denn als das G-Modell erschien, war die 1973/74er Ölkrise gerade auf ihrem Höhepunkt und die Benzinverbrauch-Hysterie ebenso. Die neuen Porsche wurden überschwänglich gelobt, sie fuhren gut, sie bremsten gut, sie lagen gut auf der Straße, ihr Komfort war für einen Sportwagen erstaunlich, Alltagstauglichkeit war ebenfalls gegeben, die Verarbeitung war über jeden Zweifel erhaben. Unter den Prämissen eines Sportwagens war der Porsche 911 G-Modell nahe an der Perfektion.

Das G-Modell hat offiziell keinen Designer. Denn das G-Modell ist die Metamorphose des Ur-Elfers. Und ihn zeichnete Ferdinand Alexander Porsche. Hier sehen wir ihn, im Schnee und zusammen mit einem G-Modell, Aufnahme um 1990.

Das isser dann: Der Motor. Das Herz. Im Bild das Aggregat aus dem 911 S von 1974.

Ein 911 S aus dem ersten G-Modelljahr 1974. Nicht sonderlich luxuriös, eher nüchtern, pragmatisch, sachlich. Eine Fahrmaschine eben, aber eine verdammt gute.

Der Porsche Design Chrono 1 von 1972 sah aus wie eine Elfer-Armatur am Handgelenk. Ästheten waren über das Uhren-Design von Ferdinand Alexander Porsche entsetzt, aber der Markterfolg gab ihm recht: 50.000 Stück wurden verkauft. Nicht nur an Elfer-Fahrer. Aber auch. Und die trugen dann am Steuer eine Porsche-Uhr und Lederhandschuhe.

Die neuen Stoßstangen überstehen einen Aufprall bis 8 km/h schadlos. Beide haben Rammschutzleisten aus Gummi, hinten zusätzlich zwei Hörner mit integrierter Nummernschildbeleuchtung beidseits der Kennzeichenaussparung (unterschiedlich breit, je nach lokaler Zulassungsvorschrift). US-Fahrzeuge haben statt Prallrohren hydraulische Pralldämpfer, womit auch Europafahrzeuge ausgerüstet werden konnten. Mit den neuen Stoßstangen einher gehen ein Bugspoiler bei allen Modellen sowie neu gestaltete Kotflügel vorne und hinten. An den Seitenschwellern eine dicke, schwarze Gummileiste. Das Faltdach für den Targa ist zunächst Wunschausstattung, serienmäßig ist das feste, herausnehmbare Targa-Dach, das Faltdach wird aber bald wieder Serienausstattung. Carrera auf Wunsch mit großem Heckspoiler, US-Version mit dem vom seitherigen Carrera RS 2,7 bekannten »Entenbürzel« (nur im MJ 1974 serienmäßig mit den Positionen Heckbürzel Carrera RS 2,7 und Carrera-Schritzug schwarz an den Türen) – darüber freuten sich die US-Tester besonders, nachzulesen beispielsweise in der Road & Track vom Januar 1974: Endlich konnten die Amerikaner einen Carrera mit Entenbürzel kaufen, denn der »echte« Carrera RS 2,7 war offiziell nie in den USA erhältlich. Etliche Detailänderungen innen, herausragend sind die neuen Sitze mit integrierten Nackenstützen, neue Lenkräder, neue Türinnenverkleidungen, elektrische Fensterheber beim Carrera. Unterm Blech: neuer vorderer Stabilisator, hinten geänderter Schräglenker. Motor: 2,7 Liter Hubraum, K-Jetronic-Einspritzung für 911 und 911 S, mechanische Einspritzung für Carrera. Serienmäßig Viergang-Getriebe, auf Wunsch Fünfgang oder Viergang-Sportomatic (nicht Carrera, nicht USA).

Porsche 911 S Coupé und 911 Targa des Modelljahrs 1974, das Grundmodell noch mit Stahlfelgen und Chromradkappen.

1974 war ein braunes Jahr. Autos waren braun. Die Schrankwand Marke Eiche Rustikal war braun. Das Ledersofa ebenso. Und die Tapeten waren braun und orange. 911 2,7 Targa, Modelljahr 1974.

Brauner Tatort-Dienstwagen (Cockneybraun 408): Als Hauptkommissar Thorsten Lannert ist Richy Müller seit 2008 im Stuttgarter Tatort zu sehen, und sein Auto ist ein brauner 1974er 911 Targa. Müller ist nicht nur im Tatort ein Porsche-Fan. Er fährt Autorennen mit internationaler C-Lizenz, im Rahmen des Porsche-Cups fuhr er zwischen 2011 und 2013 mit einem 911 GT3. Aufgenommen wurde der Tatort-Elfer, als er dereinst zur Revision im Werk war.

Jubiläen müssen gefeiert werden, und in Autokonzernen gibt es aus diesem Anlass Jubiläumsmodelle. Im August 1974 feierte Porsche das 25-jährige Markenjubiläum mit einem speziellen Elfer.

Der Jubel-Porsche war silbern mit schwarzblauer Kunstleder-Ausstattung. Es gab ihn als 911, 911 S und 911 Carrera, je als Coupé und Targa.

Auf dem Handschuhfachdeckel prangte Ferry Porsches Unterschrift auf einer silbernen Plakette.

Kapitel Sieben

16 Jahre Evolution: Das G-Modell auf dem Weg zur Reife

Gleich als das G-Modell erschien, feierte Porsche sein 25stes Markenjubiläum mit einer auf 1063 Exemplare limitierten Sonderserie mit Exklusivausstattung, sowohl für Europa wie auch für die USA. Die Wagen waren Silber mit schwarzblauer Kunstlederausstattung, Plakette mit Ferry Porsches Unterschrift auf dem Handschuhfachdeckel. In Deutschland wurden sie mit dem Slogan »25 Jahre Fahren in seiner schönsten Form« gefeiert, 154 Coupés und 150 Targa. In den USA lautete die Botschaft »25 Years Driving in its Purest Form / Silver Anniversary«, 510 Coupés und 249 Targa ohne Scheinwerfer-Waschdüsen.

Auto Motor Sport unterzog ein frühes G-Modell einem 60.000-km-Dauertest und konstatierte, er trage zu Recht schwäbische Wurzeln im Wappen, denn es gab keinerlei nennenswerte Störungen oder Schäden. Es habe zwar seinen Preis, einen Porsche zu fahren, aber dieser sei nicht allzu hoch. In seinem ersten Jahr nach der Grundrenovierung gab es logischerweise kaum Änderungen, winzige Details nur.

Nicht lange überschnitt sich die Produktion des G-Modells mit derjenigen des Porsche 914, der bis Anfang 1976 gebaut wurde. Hier sind beide in trauter Zweisamkeit in Bad Urach am Fuße der Schwäbischen Alb, wo damals noch Quenzer Bier getrunken wurde. 54 Beschäftigte produzierten in der Brauerei Quenzer jährlich 40000 Hektoliter Bier. 2002 war Schluss mit Quenzer. Der 1975er 914 1,8 trägt ein Reutlinger Kennzeichen, was in Bad Urach üblich ist, und der 1976er 911 Carrera 3,0 Targa ist ein Gast aus der Haupt- und Residenzstadt.

Das Basismodell wurde aufgewertet: ATS-Leichtmetallfegen ab MJ 1977 statt Stahlfelgen mit Chromradkappen. Letztes Baujahr für den 911 S mit 175 PS. Die Porsche-Carrera-Fahrer monierten, dass sich ihr Wagen von den übrigen 911ern nicht unterscheide. Deshalb optische Aufwertung des Carrera durch Außenspiegel und Scheinwerferringe in Wagenfarbe statt verchromt, Carrera Targa mit mattschwarzem statt silbernem Überrollbügel. Das war zwar ein wenig Balsam für die Käufer des Topmodells, aber auf Dauer konnte Porsche sie damit nicht zufrieden stellen. Der Carrera brauchte ganz einfach einen eigenständigen Motor. Den sollte er für das Modelljahr 1976 erhalten.

Neuordnung der Modellreihe für 1976. Kein 911 S mehr, dafür Porsche 911 mit 165 PS und Carrera nunmehr mit 3-Liter-Motor und 200 PS. Auch der 911 hatte nun einen in Wagenfarbe lackierten und von innen elektrisch verstellbaren Außenspiegel. Neuer Langflor-Teppichboden. Automatisch regulierende Heizanlage serienmäßig im Carrera, auf Wunsch im 911, Tempomat serienmäßig. Sportomatic nunmehr dreistatt viergängig. Keine vorderen Ausstellfenster beim Targa ab 1976 (aber natürlich weiterhin die Dreiecksfenster, eben starr), bessere Diebstahlsicherung (von innen Türentriegelung durch Drehknopf anstelle von Druckknopf, der von Hand hochgezogen werden kann). Für alle Modelle auf Wunsch Mittelkonsole mit Ablagefach, wertigere Materialien für die Innenausstattung, auch neue Innenraumfarben.

Sitzt so eng an der Dame wie der Porsche am Herrn. Und farblich passt das Ganze auch. Bequem ist die zweite Haut sicherlich nicht, aber ungemein sexy. So warb man 1976. Und so warb Porsche auch. Die Dame sieht heute sicherlich ganz anders aus. Der Porsche nicht. Seine Schönheit ist unvergänglicher als diejenige der Lady.

Neu ab Modelljahr 1976 war der Carrera 3 Liter mit 200 PS. Ein Wagen, der einen derart prestigeträchtigen Namen trägt, der an die wohl höchsten Glorien der Marke im Motorsport erinnert, durfte nicht denselben Motor im Heck tragen wie ein normaler 911. Deshalb Hubraumerhöhung auf 3 Liter mit mehr Elastizität und Durchzugsvermögen, jedoch keine Änderung bei Beschleunigung und Höchstgeschwindigkeit. Aber darauf kam es weniger an. Es ging auch um die Zahl: 3 Liter ist einfach magisch. Statt der mechanischen Einspritzung nunmehr dieselbe verbrauchsreduzierende Bosch K-Jetronic wie im 2,7-Liter-911er. Luxusausstattung serienmäßig, darunter elektrisch verstellbare beheizbare Außenspiegel, elektrische Fensterheber, Scheinwerferreinigungsanlage, Lederlenkrad. Auch optisch unterschied sich der Carrera nun deutlich von seinem zahmeren und preiswerteren Bruder: keine Chromteile, alles mattschwarz, Scheinwerferringe und Außenspiegel weiterhin in Wagenfarbe. Breitere Kotflügel für breitere Felgen (vorne 6 oder 7 Zoll, hinten 7 oder 8 Zoll), alternativ Fuchs- oder ATS-Felgen. Vier- oder Fünfganggetriebe je nach Wunsch.

Wenn der Vater mit dem Sohne... Auf diesem Werbefoto steht eher der 1976er 911 3,0 Carrera Targa im Vordergrund. Aber die Umgebung symbolisiert, welche Klientel Porsche anspricht.

Das legendäre Martini-Dekor: An einem Elfer war es erstmals auf der Earls Court Motor Show 1976 zu sehen, fand großen Anklang und war als Option für alle Elfer-Coupés bestellbar. Die meisten Martini-Elfer waren Grand-Prix-Weiß, aber auch schwarze Wagen wurden damit versehen. Und eventuell auch andere, weil einige Wagen ihre Streifen erst beim Händler bekamen. Ob ein Porsche jemals Martini-Streifen hatte, sieht man anhand der »Option M42« bei der Bestellung – sofern diese Papiere noch vorhanden sind. Im Bild ein rechts gelenkter 911 Carrera 3,0 des Modelljahrs 1976.

Die Vierzylinder-Elfer: Porsche 912 E von 1976, nur für den US-Markt gebaut. Seine Fahrleistungen entsprechen ungefähr jenen eines Ford Granada 2,3. Die sind für einen Granada angemessen, für einen Porsche aber nicht.

Der 1976 in den 912 E eingebaute 2-Liter-Vierzylinder mit 90 PS, der nahezu dem Aggregat aus dem Porsche 914 2,0 entspricht.

Er hat's zu was gebracht: Er hat einen braunen Porsche, er trägt Schlaghosen, die Mädels blicken ihm nach. Das will er, das braucht er und das hat er. Sein Porsche ist ein 911 Carrera 3.0 von 1977.

Eine weitere und äußerst kurzlebige Neuheit war der Porsche 912 E. Er hatte zwar nichts mit dem gleichnamigen Elfer (oder besser: Zwölfer) von 1965 bis 1969 zu tun, der den Vierzylindermotor des 356 mit der Karosserie des 911 kombiniert hatte, war aber nach dem selben Prinzip konstruiert: In diesem Wagen werkelte der Vierzylinder-Boxer aus dem VW/Porsche 914 2.0, jedoch ein eigener Motortyp. Im VW/Porsche saß der GB100 mit 100 PS, im 912 E der GC95 mit 90 PS (in Kalifornien nur 88 Pferde). Dieser »Kastrat« mit Stahlfelgen und Chromradkappen wurde ausschließlich für den US-Markt gebaut, ist 176 km/h »schnell« und braucht 13,5 Sekunden bis zum Erreichen von Tempo 100. Preis in den USA 10.845 Dollar. 2099 Exemplare wurden im Jahr 1976 gefertigt. Kein Erfolg. Das lag auch an der Ausstattung. Road & Track sagte im Januar 1976, die Innenraummaterialien wirkten sehr wie die eines VW (»the seats look like VW material«). Das Motorgeräusch ähnle demjenigen im VW/Porsche: laut in den unteren drei Gängen, im vierten und fünften Gang unerträglich, aber die Fahrleistungen seien respektabel. Das weicher und auf mehr Komfort abgestimmte Fahrwerk fand die Road & Track als bestens geeignet »für das, was man in New York City, Stra-

1978er 911 SC auf dem werkseigenen Prüfstand.

ßen' nennt", aber über Land und bei schneller Fahrt sei der 912 E eindeutig zu weich und schwammig. Road & Track empfahl dem potenziellen Porsche-Kunden dringend, einen 911 statt eines 912 E zu kaufen.

Im Folgejahr 1977 zusätzlich die Dreigang-Sportomatic, für Carrera 3.0 serienmäßig Heckscheibenwischer. Nun waren es die 911er-Kunden, welche monierten, dass dem Carrera mehr Hubraum spendiert wurde. Das wollten sie auch. Der Basis-911er bedurfte einer Überarbeitung und einer Neuordnung. Diese Modifikationen brachten den 911 so nahe an den Carrera heran, dass dieser überflüssig und eingestellt wurde: Ab 1978 sollte der Porsche 911 ein 3-Liter-Wagen sein, der 2,7-Liter-Motor hatte ausgedient.

SC (= Super-Carrera) hieß die Zusatzbezeichnung des Porsche 911 ab Modelljahr 1978, und der Porsche 911 SC kam dem bisherigen Carrera sehr nahe – auch optisch, denn seine Karosserie entspricht dem etwas breiteren Aufbau des seitherigen Carrera. Im 911 SC ab 1978 leistete der 3-Liter 180 PS, also deren 20 weniger als im verflossenen Carrera. Auch optisch gibt es kaum Unterschiede, da die breiten Carrera-Räder auch im SC lieferbar waren und somit die Kotflügel entsprechend breit sein mussten. Weitere Neuigkeiten im SC: Stabilisatoren vorn und hinten serienmäßig, Bremse und Kupplung servounterstützt, hintere Seitenscheibe fest statt ausstellbar, neues Farbprogramm.

Das Ende der Produktionsstrecke, die Endkontrolle: Aufnahme in Zuffenhausen 1978.

1978 erschien der »Super-Carrera«, der 911 SC, mit 3 Litern Hubraum und 180 PS. Blick in den Motorraum eines 911 SC Targa von 1978...

...und in den Innenraum eines ähnlichen Wagens mit zweifarbigem Armaturenbrett.

Der 911 SC war so breit wie der seitherige Carrera. Lauschige Szene mit 911 SC 3,0 Targa des Modelljahrs 1979, das Auto grün, der Wald grün, das Gewässer grün. Alles grün.

Es war ein ständiges Hin und Her: Zunächst waren die Carrera-Kunden unzufrieden, weil sich das Topmodell nicht genügend vom Basismodell unterschieden hatte. Also wurde das Topmodell zum 3-Liter-Wagen aufgewertet. Das gefiel den Kunden des normalen Elfers nicht, also zog Porsche nach und kreierte den SC, den Super-Carrera, quasi als Einheits-Elfer. Die Folge: Wer einen stärkeren Carrera wollte, wurde nicht bedient. Das war die Zeit, als Porsche den neuen 928 forcierte und die Absicht hatte, mit ihm langfristig den Elfer abzulösen. Der Porsche 928 sollte das neue Topmodell aus Zuffenhausen sein, kein Elfer. Porsche hielt den Carrera für überflüssig. Porsche selbst schon, nicht aber die Porsche-Kunden. Sie schrieen trotz des SC nach einem neuen Carrera, oberhalb des SC angesiedelt, der dann zum MJ 1984 erscheinen sollte (3,2 Liter).

Polizei-Porsche haben eine lange Tradition, ursprünglich waren sie die »Weißen Mäuse«, denn die Autobahnpolizei trug Weiß und fuhr weiße 356 Cabriolets. Mit Karlsruher Zulassung ein 911 SC von 1978.

Diesem Notarzt macht sein Dienstwagen Spaß: ein gesponserter, gebrauchter 911 SC, aufgenommen 1990.

Von 1972 bis 1980 war Ernst Fuhrmann Vorstandsvorsitzender bei Porsche. Unter seiner Ägide kam der Porsche 928, der den 911 ablösen hätte sollen. Ernst Fuhrmann sah die Zeit als gekommen, den Elfer zu beerdigen. Deswegen steht auf diesem Foto von 1978 auch der 928 symbolträchtig im Vordergrund. Aber vielleicht ist es auch Zufall. Denn sonst müsste der kleine Fiat 126, der sein Schnäuzchen ins Bild streckt, auch irgendwie und bedeutsam interpretiert werden. Dabei ist er in Wahrheit nur der Zweitwagen des Hausmeisters. Oder so...

Skizze und Wirklichkeit:
Titel des 1980er Elfer-Prospektes.

Das Sondermodell »50 Jahre Porsche«: Ein 911 SC in Meteormetallic, innen weinrot, Kopfstützen mit eingestickter Signatur »F. Porsche«, im Bild die US-Version.

1980, und immer noch braunmetallic. 911 SC Targa aus Vogelperspektive mit Teillederausstattung.

Doch zunächst ist die Chronologie beim 911 SC 3,0 angelangt, der zum Modelljahr 1978 den 911 2,7 und den Carrera 3,0 ablöste. Zum MJ 1980 Leistungssteigerung um 8 auf 188 PS, schwarze Fenstereinfassungen und Türgriffe, Scheinwerferringe in Wagenfarbe statt verchromt, Targabügel schwarz, elektrische Fensterheber, Mittelkonsole, Lederlenkrad, beleuchteter Motorraum, neuer Ölkühler. 1980 schaffte es Zuffenhausen, den Elfer durch Motoroptimierung noch sparsamer zu machen, ein Hochleistungssportwagen als Sparschwein, das bei konstant 90 km/h nur 8 Liter Super verbraucht, 9,7 Liter bei Tempo 120 und im Stadtverkehr 13,4 Liter auf 100 km – und das bei 204 PS und einer Spitzengeschwindigkeit von 235 km/h! Optisches Erkennungsmerkmal des MJ 1981: rechteckige Seitenblinker auf den vorderen Kotflügeln, neue Farben, innen auch Ganzstoffsitze, das Leder in neuen Farben und Narbungen. Wenig Neues für 1981: Scheinwerferreinigungsanlage serienmäßig, die Fuchsfelgen nun schwarz pulverbeschichtet, Felgenhorn blank poliert. Nach wie vor gab es alternativ die geschmiedeten Fuchs- oder die gegossenen ATS-Alus. Front- und Heckspoiler vom Turbo waren fortan auch für den 911 SC lieferbar. Ansonsten feierte Porsche anno 1981 das 50jährige Firmenjubiläum. Dazu ein 911-SC-Sondermodell in Meteormetallic, innen weinrot, Kopfstützen mit eingestickter Signatur »F. Porsche«, 200 Exemplare, darunter circa 130 Coupés und circa 70 Targa.

US-Version des 911 SC 3,0, Modelljahr 1980.

Das gleiche Fahrzeug, andere Perspektive. Sehr hübsch die in Komplementärfarbe gehaltenen Keder der Ledersitze.

Auf der IAA 1981 drehte sich das Porsche 911 SC Cabriolet, eine allradgetriebene Studie, im Rampenlicht und wurde begeistert aufgenommen – ein optisches Glanzstück, eine Form wie aus einem Guss. Das ingeniöse Stoffverdeck ist dicht, stets gut gespannt, formstabil, verursacht wenige Windgeräusche, es ist schnell und ohne Komplikationen zu öffnen und schließen und ist überdies 15 Kilo leichter als die Targakonstruktion. Porsche wusste: Das Vollcabriolet würde dem Targa das Leben schwer machen. Und so ganz nebenbei war der ganz offene Porsche auch das damals schnellste Serien-Vollcabriolet der Welt, Fahrleistungen identisch zum Coupé. Das IAA-Hauptinteresse galt dem offenen Porsche. Das 911 SC Cabriolet, in Serie ab Frühjahr 1983 und auf der Targa-Karosserie basierend, verfügt serienmäßig über zwei Außenspiegel, die Vordersitze ausschließlich lederbezogen, Aufnahmepunkte für einen Überrollbügel, Verdeckfarbe nur schwarz. Porsche betonte damals, als die Elfer-Klientel nach wie vor auf den 928 schimpfte, das Cabriolet solle »unterstreichen, dass wir auch in Zukunft auf den 911 bauen«, so Lars Roger Schmidt, für den Vertrieb zuständiges Vorstandsmitglied bei Porsche. Den gezielten Anstoß zur Entwicklung des Cabriolets hatte Porsche-Entwicklungschef Helmuth Bott Anfang 1981 gegeben. Als 911 SC lebte das Cabriolet nur ein halbes Jahr lang von Frühjahr bis Herbst 1983. Darüber hinaus tat sich im Herbst 1982 für das Modelljahr 1983 wenig: neue Farben und Sonderausstattungen.

Die Verwandtschaft zwischen VW Käfer und Porsche 911 wurde nie geleugnet, und sie offenbart sich in vielen konzeptionellen Grundsätzen und Details. Auch im geteilten Kofferraum, vorne unter der Haube und hinten hinter den umklappbaren Notsitzen.

Vorne passt wahrlich nicht viel rein, und der Filzstoff entspricht auch ziemlich genau jenem, mit dem der vordere Kofferraum des VW 1303 ausgekleidet war. Und auch die Stahlfelge hat nach wie vor Ähnlichkeiten mit der Käfer-Felge.

Hübsches Ambiente mit hübschen Autos, der Elfer-Jahrgang 1983 mit drei Karosserievarianten.

Ein Wagen für die Überholspur: 911 SC 3,0 von 1982.

Trotz 911 SC und Turbo: den Kunden fehlte ein Carrera. Alleine die Möglichkeit zu sagen: »Ich fahre einen neuen Porsche Carrera«, fehlte schmerzlich beim Smalltalk im Golf- oder Yachtclub, während der Kaffeepausen beim Zahnarztkongress oder während der Verhandlungsunterbrechung vor Gericht, wenn Anwalt und Gegenanwalt miteinander klönen. Porsche reagierte 1983 mit dem 911 Carrera 3,2, aber nicht als Topmodell, das über dem 911 SC angesiedet wurde, sondern als dessen Nachfolger – genau 20 Jahre nach der Präsentation des ersten Elfers auf der IAA 1963. Mehr Hubraum, 27 PS mehr Leistung, Topspeed 245 km/h, Erfüllen modernster Umweltstandards, dabei weniger Verbrauch – das ist Fortschritt! Und es offenbarte eindrucksvoll, welch enormes Potenzial in der alten Boxerkonstruktion noch lag. Überdies: Die Bosch-Motronic beendete die nicht immer guten Kaltlaufeigenschaften des Boxers. Fahrwerk und Bremsen wurden der erhöhten Leistung angepasst, nunmehr 231 PS. Der Carrera bedeutete aber noch mehr als seine schiere Technik: Er war das weithin sichtbare Bekenntnis von Porsche zum 911. Die negative Einstellung der Zuffenhausener zum Elfer hatte sich unter dem neuen Porsche-Chef Peter W. Schutz um 180 Grad gewandelt. Tester Gerd Hack ist in Auto Motor Sport 19/1983 begeistert: »Einzigartig ist der Genuss jenseits von 4000 Umdrehungen: Dann findet nämlich (...) eine Leistungsexplosion statt, die an einen Turbo erinnert.« Er hat aber auch etwas zu monieren, Porsches Preisgestaltung nämlich. Das Spoilerwerk lässt sich Porsche mit 2650 D-Mark laut Hack »vergolden«, die Serie-50-Bereifung koste einen »happigen Aufpreis« und überhaupt habe Porsche den Grundpreis des 911ers seit 1979 nahezu verdoppelt. Hack: »Bei Porsche findet eine große Absahne-Aktion statt.« Allerdings, schließt Hack: »Er ist sein Geld wert.«

Ein Porsche 911 muss rot sein. 1983er 911 SC 3,0.

1982er 911 SC. Damals hatte das Umdenken bereits stattgefunden: Der 911 galt als Säule des Porsche-Programms, die Palette wurde ausgebaut. Seit Anfang 1981 wurde am 911 Cabriolet getüftelt.

Der 3-Liter-Motor des 911 SC, Modelljahr 1983.

In Weiß in Erinnerung geblieben: Die allerersten Elfer Cabriolets von 1983, damals noch als 911 SC. Auf den Pressefotos waren sie zumeist weiß, im Verkaufsprospekt auch.

Die Optik: Der Porsche 911 Carrera 3,2 sieht aus wie ein 911 SC, hat aber eine Bugschürze mit integrierten Nebellampen, neue Alufelgen, deren Design an den Porsche 928 erinnern. Spötter sprachen vom »Telefon-Design«, weil die Form einer Telefon-Wählscheibe entspricht – ältere Leser mögen sich noch an Wählscheiben von Festnetz-Telefonapparaten, die man von der Telekom gegen Gebühr mietete, erinnern. Aber die Fuchs-Felgen waren weiterhin erhältlich, und hinten auf dem Motordeckel prangte der stolze Schriftzug »Carrera«. Porsche offerierte auf Wunsch breite Kotflügel für das Coupé, den Turbo-Front- und Heckspoiler und dessen Fahrwerk (»Turbo-Look«). Dies entwertete allerdings den Turbo, dessen optische Ausnahmestellung hierdurch konterkariert wurde. Darüber hinaus: Neue Außenfarben, modifizierte Innenausstattungen, Sperrdifferenzial auf Wunsch, für das Cabriolet die zusätzlichen Verdeck- und Persenningfarben Blau und Braun, spezieller Carrera-Heckspoiler optional. Porsche war mit dem Carrera 3,2 beim ultimativen G-Modell angelangt, das bis zur Produktionseinstellung 1989 zwar weiterhin von Jahr zu Jahr modifiziert und modernisiert wurde und mit dem Speedster sogar noch eine weitere, die vierte Karosserieversion erhalten sollte. Aber grundlegend geändert wurde das G-Modell nicht mehr.

Und innen rot. Zu Weiß passt zwar alles. Aber rot passt eben ganz besonders gut zu weiß. Vor allem, wenn es sich um ein 911 SC Cabriolet handelt.

Der letzte, serienmäßige offene Porsche starb 1965 und hieß 356 C. Fast 20 Jahre lang baute Porsche – des Unfallschutzes wegen, der passiven Sicherheit wegen, der US-Vorgaben wegen – einen kompromissbehafteten, offenen Wagen, den Targa. Wer sollte nun, nach der Neueröffnung des Elfers, noch einen Targa wollen?

Tief schwarz und wohl beflügelt: Inwieweit dieser Spoiler mit der Cabriolet-Karosserie harmoniert, ist und bleibt Geschmackssache. 911 Carrera 3,2 Cabriolet 1984.

Der Carrera 3,2 als Nachfolger des 911 SC, hier mit den etwas umstrittenen Alus im Telefonwählscheibendesign mit Anleihen an den ebenfalls etwas umstrittenen 928.

Spaß mit dem Porsche. Spaß macht ein Porsche, und er fordert das Kind im Manne heraus. Wer einen Porsche hat, will auch ein wenig damit spielen. Natürlich ist ein Porsche 911 ein Sportwagen. Aber er ist auch ein Spielzeugauto. Zumindest ein bisschen.

Weiterhin offerierte Porsche den Targa im bisherigen Kleid, nunmehr als Carrera 3,2. Aber das Cabriolet stahl ihm natürlich die Schau. Das Cabriolet im Bild ist ein US-Modell und trägt die Inletts der Fuchs-Alus in Wagenfarbe, der Targa erfreut sich der Wählscheibenalus, das Coupé hat schwarze Fuchs-Sterne. Modelljahr 1986.

Wer ihn hatte, hatte es geschafft: 911 Carrera 3,2 Cabriolet ab Modelljahr 1984, Beifahrer-Rückspiegel in Serie, Nebelleuchten in die Bugschürze integriert, die Felgensterne in Karosseriefarbe sind Sonderwunsch.

Harmonie in blau-weiß. Das Auto blau-weiß, das Shirt blau-weiß, und die tief stehende Sonne gibt dem eiskalten Lack etwas Wärme. Das Verdeck herabgeklappt, noch fehlt die Persenning. Im Bild ein 911 Carrera 3,2 Cabriolet von 1986, die US-Version mit der hoch gestellten Bremsleuchte.

Neue Sitze 1985, elektrisch verstellbar und mit besserer Seitenführung, gegen Aufpreis sogar beheizbar. Seitenaufprallschutz in den Türen. Noch umfangreichere Serienausstattung, darunter beheizbare Scheibenwaschdüsen, getönte Scheiben rundum, Teilleder innen, vier Lautsprecher mit Überblendregler, dazu neue Nettigkeiten auf der Aufpreisliste: Fuchs-Alus mit Felgenstern in weiß oder gold, Zentralverriegelung mit Verriegelungstaste auf der Mittelkonsole. Eine Freude für Sportfahrer war der um zehn Prozent verkürzte Schaltweg des Fünfgang-Getriebes und eine verbesserte Fahrwerksabstimmung. »Turbo-Look« nunmehr auch für Cabriolet und Targa, neue Cabriolet-Verdeckfarben Dunkelrot und Graugrün. 1986 neue Kupplung und neues Fünfgang-Getriebe mit verändertem Schaltschema und höherer Präzision, vorne breitere Reifen. Erstmals ein Kat-Motor für den deutschen Markt (207 PS, 6,5 Sekunden bis Tempo 100, Höchstgeschwindigkeit 235 km/h – also durchaus langsamer als die nicht entgiftete Version, 217 PS ab 1987). 1987 elektrisches Verdeck für das Cabriolet. Im roten Heckleuchtenband sind zwei Nebelrückleuchten integriert. Neu war eine Clubsportversion des Carrera: straffes Sportfahrwerk, Front- und Heckspoiler, Gewichtserleichterung durch Weglassen von Komfortmerkmalen, etwas höher drehender Motor, Clubsport-Dekor am linken, vorderen Kotflügel (Großbritannien abweichend: auf den Türen), Preis identisch zum normalen Carrera.

Nach wie vor erstrebenswert, wünschenswert, sehenswert, liebenswert: rotes Porsche Cabriolet, ebenfalls die US-Version, nunmehr Jahrgang 1989.

Mut zur Farbe. Rot kann jeder, schwarz auch. Hautfarbener Lack, fleischfarbenes Verdeck, innen braun wie der Büffel. Der traute sich was, der dieses Auto bestellt hat. 911 Carrera 3,2 Cabriolet von 1987.

Das Cabriolet im Turbolook, noch breiter. Ansichtssache, ob der Turbolook legitim ist. Beim Cabriolet sieht die Sache anders aus, das gab es damals nicht als Turbo. Schöner Vergleich der schmalen 911-SC-Karosserie (links ein 1983er Modell) mit der verbreiterten Carrera-3,2-Karosserie im Turbo-Look von 1986. Im Hintergrund der Porsche-Vorstandsvorsitzende Peter W. Schutz, links neben ihm seine Frau Sheila.

Ein Hardtop für das Cabriolet gab es damals schon, aber kaum jemand hatte es bestellt, und so ist die Form der frühen Elfer-Hardtops von Porsche-Exclusive fast in Vergessenheit geraten. Foto vom Juni 1984.

Das kann das Cabriolet freilich nicht: Gepäcktragesystem auf Porsche 911 Carrera 3,2 Targa von 1987. Damals fuhr man nicht nur Ski spazieren, sondern zeigte auch Surfbretter und Snowboards. Böse Zungen behaupteten in den 80ern, es habe Surfbrett-Attrappen aus Styropor gegeben, die nur zum Spazieren fahren auf dem Autodach geschaffen wurden. Aber das stimmt selbstverständlich nicht und geht in Richtung Verschwörungstheorie.

Das Modelljahr 1988 bescherte Porsche den 250.000sten Elfer, was mit einer 875 Exemplare umfassenden Sonderserie gefeiert wurde, in Deutschland »250.000 produzierte Porsche 911«, in den USA »Commemorative Edition«. Die 250 deutschen Wagen in Diamantblaumetallic, Felgensterne der Fuchs-Alus in Wagenfarbe, silberblaue Innenausstattung, Jubiläumsplakette, besonders aufwändige Ausstattung, lieferbar als Coupé, Cabriolet und Targa. Die Serien-Elfer wurden 1988 mit einer erneut aufgewerteten Serienausstattung offeriert (Fuchs-Alus statt Telefon-Design-Rädern serienmäßig), und auch die Extras gingen mit der Zeit: Vorbereitung zum Einbau einer Autotelefonanlage, ausgefeilte Lautsprecheranlage und Verstärker, Sitze mit Raffleder.

Der Targa, hier ein 1984er Carrera 3,2, wurde mit Einführung des Elfers als »sicheres Cabriolet« geschaffen im Zuge der vom US-amerikanischen Verbraucherschützer Ralph Nader entfachten Sicherheitsdiskussion. Nader war ein Wadenbeißer, der die Autoindustrie ärgerte und dabei auch so manche interessante Debatte anstieß. Im Zuge der Sicherheitsdiskussion starb das Vollcabriolet in den USA für einige Jahre völlig aus und erlebte erst in den frühen 80ern eine Wiedergeburt. Auch Porsche hatte damals reagiert, waren die USA doch ihr Hauptexportmarkt, und schuf den Targa. Und auf die Wiedergeburt des Vollcabriolets in den USA reagierte Porsche erneut.

Ganz späte G-Modelle: Montage im Juni 1989. Im Herbst endete die Produktion, der Nachfolger, der Typ 964, lief bereits seit 1988 von den Bändern. Er sah zwar auf den ersten Blick ähnlich aus, war aber, vor allem in Bezug auf das Fahrwerk, ein ganz anderes Fahrzeug.

Der Carrera 3,2 war quasi die letzte Evolutionsstufe des Ur-Elfers. Ein 1989er Carrera ist die größte Metamorphose des 1964er Porsche 911. Im Bild ein 1984er Targa.

1986er Targa, mit Heckspoiler. Porsche bot einen speziellen Carrera-Spoiler an, aber auch den Heckspoiler vom Turbo, wenn der Kunde die Option »Turbo-Look« wählte.

Zwischen ungefähr 1980 und ungefähr 2005 war Braun als Autofarbe weitgehend tot, zumindest in Europa. Nicht bei Porsche. Porsche bot immer wieder Brauntöne an, aber die Porsche-Klientel ist ja auch nicht auf Europa beschränkt, und in anderen Ländern herrschen nicht nur andere Sitten, sondern auch andere Geschmäcker. 911 Carrera 3,2 Cabriolet, Modelljahr 1984.

Modellhistorisch spannender ist aber eine andere Version, eine Studie, die auf der IAA 1987 präsentiert wurde: der Carrera Speedster, ein reiner Zweisitzer, 70 Kilo leichter als das Cabriolet, ungefüttertes Klappverdeck, das geöffnet unter einer Kunststoffhaube verschwindet und eine um fünf Grad flacher geneigte, in einem Alurahmen gefasste Windschutzscheibe – die ganz einfach mit dem Bordwerkzeug demontiert werden kann. Keine Dreieckfenster, Seitenscheiben zum Kurbeln, Produktionsbeginn Spätsommer 1988. Eckhard Eybl testete den Speedster in Auto Motor Sport 19/1988. Er stellt die stark veränderte, weil sehr tiefe Sitzposition fest. »Der Speedster packt seine Insassen bis zum Hals in feuerverzinktes Stahlblech, um sie die Elemente dann ganz gezielt dort erleben zu lassen, wo sie auch wirklich wirken: im Kopf.«

Carrera Coupé, normalbreit, aber mit Heckspoiler. Aus dieser Perspektive sieht der Jäger auf dem Hochsitz einen 1984er Porsche im Wald.

Carrera Coupé im Turbo-Look. Was soll man dazu sagen? Nur breit ohne Heckspoiler, also wie im Bild, sieht er aus wie ein beschnittener Turbo, ungewöhnlich. Im kompletten Turbo-Look, also mit Spoiler, sieht er aus wie ein Turbo und entwertet diesen. Er entwertet aber auch »seinen Menschen« als einen, der gerne einen Turbo hätte, sich diesen aber nicht leisten kann. Also Turbo-Prestige ohne Turbo-Kosten.

Kernspintomographie: Phantombild eines 911 Carrera 3,2 Coupé, Modelljahr 1985.

In adäquater Umgebung: Stuttgarter Carrera 3.2 in Indischrot mit Option M473 Front- und Heckspoiler, in Szene gesetzt am Hafen und vor der Altstadt von Menton an der Côte d'Azur, direkt an der Grenze zu Italien.

Immer luxuriöser: Zwar hat sich prinzipiell seit Einführung des G-Modells nichts geändert. Aber im Detail doch sehr viel. Und die Materialien sind hochwertiger geworden. Auch deshalb, aber nicht nur deshalb, stieg der Preis des Elfers in den 80er Jahren extrem an. Die Fahrersicht aus einem Carrera 3,2 von 1985.

Viel Elektrik, viele Komfortextras. Der Porsche-Fahrer ist älter geworden, weil der Porsche teurer geworden ist. Durch die vielen Helferlein ist der Porsche auch schwerer geworden. Nach dem Geschmack mancher Puristen ist er zu schwer geworden.

Anderthalb Tonnen Leergewicht bringt ein Carrera 3,2 Coupé auf die Waage, der Motor leistet 231 PS (Foto). Ein 911 Carrera aus der Frühzeit der G-Modelle wog noch 1110 Kilo bei 210 PS. Das ist schon ein Unterschied in Sachen Leistungsgewicht.

Porsche reagierte mit einer Clubsport-Ausführung mit straffem Sportfahrwerk, Front- und Heckspoiler, etwas höher drehendem Motor. Am Wichtigsten aber war die Gewichtserleichterung, weil Porsche auf etliche Komfortmerkmale verzichtete. Der Preis war identisch zum normalen Carrera.

Der Clubsport von innen: weniger Armaturen, weniger Schalter für elektrische Funktionen, Fensterkurbeln. Man muss nicht gleich Aluhauben und Plexiglasfenster verbauen, um dem Auto Pfunde zu nehmen. Oftmals reicht es auch, zwar Etabliertes, aber Überflüssiges wegzulassen.

Nach speedsterlosen Jahren sollte das Thema wieder aufleben. Porsche brachte einen neuen Speedster auf Basis des G-Modells in dessen letztem Jahr. Der Name war noch gut in Erinnerung und wurde mit sportlichen Erfolgen verbunden: 356 Speedster vor Ferrari war nichts Ungewöhnliches. F-KN 78 gehörte dem Frankfurter Piloten Siegfried Günther, und hier verteidigt er seine Position beim Innsbrucker Flugplatzrennen am 8. Oktober 1960.

Eine sehr nette Äußerung Eybls zum Thema Servolenkung im Elfer: »Der immer heftigere Wunsch nach einer Servolenkung ist bloß Indiz dafür, dass Elfer-Fahrer mit ihrem Porsche nicht nur mitleben, sondern auch mitaltern.« Seine Einschätzung zur Optik: »Das Speedster-Aufsehen lebt von der Verzerrung der Proportionen: Ein 25 Jahre altes Denkmal wird mit einfachen Stilmitteln gleichzeitig gedehnt und gequetscht, damit vom Klassiker zur New-Wave-Maschine umgeformt.« Zwei weitere Varianten des Speedster versprach Porsche für später: Version mit Hardtop sowie eine Clubsport-Ausführung mit noch kleinerer Frontscheibe und Abdeckung des Beifahrerplatzes. 1989, das letzte Modelljahr des Porsche 911 Carrera 3,2: neue Farbenspiele, Stoffe und neues Leder, verbesserte Alarmanlage, Radio mit CD-Player, immer mehr Elektronik, ausschließlich Fuchs-Felgen, kaum noch Verwendung von Asbest, und der Speedster ging in Serie, von vorne herein ein Liebhaber- und Sammlerstück, in Deutschland ausschließlich im »Turbo-Look«, aber ohne Heckspoiler, für den Export in 161 Exemplaren auch mit schmaler Karosserie (151 links- und 10 rechtsgesteuert). Im Herbst 1989 endete die G-Serie des Porsche 911 nach 196.392 Fahrzeugen inklusive 911 Turbo).

Zwei Männer, die wichtig für das G-Modell und überhaupt für den Elfer sind: Helmuth Bott, von 1978 bis 1988 Porsche-Entwicklungschef, gab den Anstoß, das 911 Cabriolet zu entwickeln (Foto von 1988)...

...und Peter W. Schutz (Foto von 1984). Er löste 1981 Ernst Fuhrmann als Porsche-Vorstandsvorsitzender ab. Während Fuhrmann den 928 als Elfer-Nachfolger hatte entwickeln lassen, beschloss Schutz, den Elfer am Leben zu erhalten. Letztlich ist Schutz der Retter des Porsche 911. Ohne ihn gäbe es ihn heute nicht mehr. Ohne ihn wäre der Porsche 911 Anfang der 80er Jahre gestorben.

Der Speedster ist eine Ableitung des Cabriolets, und das war er schon zu 356er-Zeiten, als das Prinzip Speedster und der Name Speedster vom damaligen Porsche-US-Importeur Max Hofmann erfunden wurden. Der abgebildete Speedster ist ein ganz Besonderer, eigentlich kein Speedster, sondern ein von Porsche-Exclusive als speedsterähnliches Modell umgebautes Cabriolet, angefertigt für Peter W. Schutz und aufgenommen im September 1985 im Porsche-Werk 1. Das lustige Gefährt ganz im Hintergrund ist übrigens ein dreirädriger Piaggio Ape, ein seit 1947 in Italien gebauter Kleinstlieferwagen. Mit dem 1972 vorgestellten Vespa Car gelang Piaggio sogar ein Exporterfolg nach Deutschland. 216 cm³ Hubraum, immerhin 550 Kilo Traglast. Das Gefährt wurde bei Porsche innerbetrieblich eingesetzt.

Das ist der »Bott-Speedster« mit schmaler Carrera-Karosserie von 1983. Auf der IAA 1987 wollte Peter W. Schutz mit einem perlmuttweißen Prototyp das Publikumsinteresse testen. Es war groß. Groß genug, dass sich Porsche zur Produktion entschloss.

Das ist nun der serienmäßige Speedster, die vierte Karosserieversion des Porsche 911. Jeder Speedster ist eine Rarität. Auf der IAA 1987 als Prototyp präsentiert, Ende 1988 als Serienmodell, ab Anfang 1989 zu haben, 2103 Mal bis Juli 1989 produziert.

Ganz was Seltenes: Nur 171 Mal wurde der Speedster mit der schmalen Carrera-Karosserie gebaut, allesamt für den Export.

Räderspiele: Die Serienfelgen des Porsche 911 G-Modells zwischen 1973 und 1989. Das Einstiegsmodell hatte zu Anfang noch die Stahlfelgen mit Chromradkappen. Die klassische Fuchs-Felge begleitete das G-Modell ihr ganzes Leben lang (im Bild die Felge eines 911 Turbo 3,3 von 1986). Anfangs wenig geliebt war die ATS-Felge mit Spitznamen Hackmesserfelge (hier vom 911 S 2,7 von 1974), aber als dann 1983 die Felge im Telefonwählscheibendesign mit dem Carrera 3,2 erschien, war die Porsche-Welt mit der ATS-Felge wiederum versöhnt. Dennoch: Nichts geht über die Fuchs-Felge. Damals wie heute.

Das Clubsport-Konzeptfahrzeug der IAA 1987. Mit dem gezeigten Mono-Top kam der Speedster nie in den Handel. Gebaut wurde dieser Wagen auf Basis des Cabriolets.

Kapitel Acht

Ultimativ und unübertroffen: Porsche 911 Turbo

Turbo – das Zauberwort der 70er Jahre, das Wort, das Männer am meisten faszinierte. BMW brachte den ersten Turbo in Serie, den 2002 Turbo mit der aggressiven Kriegsbemalung und dem Wort »turbo« in Spiegelschrift auf dem Frontspoiler. Er kam zur falschen Zeit, als Ölkrise und Autoverteufelung auf ihrem Höhepunkt waren. Ein Jahr später, 1975, schwang das Pendel wieder etwas zurück, die Aufregung war zwar noch lange nicht vorüber, legte sich aber etwas. Porsche lancierte den 911 Turbo, als Studie auf der IAA 1973 gezeigt, Präsentation auf dem Pariser Salon im Oktober 1974. Er hieß zwar im Verkauf so, intern aber 930. Sein Ziel: eine Alternative zu italienischen Supersportwagen darzustellen, ausgehend vom 911er und somit mit dessen Tugenden behaftet. Also ein deutscher Supersportwagen, der perfekt konstruiert ist und nicht die Allüren und die Divenhaftigkeit seiner italienischer Konkurrenten à la Ferrari, Maserati, Lamborghini und De Tomaso aufwies und obendrein vom relativ eng gestrickten Porsche-Servicenetz profitieren sollte.

Jeder Junge hängte sich damals ein DIN-A-3-Poster des Porsche 911 Turbo in sein Zimmer und himmelte das Fahrzeug an: fast schon unanständig breite Walzen und fettest mögliche Kotflügel, ein beinahe bis zum Asphalt reichender Frontspoiler und dann dieser Heckflügel, von dem niemand so recht wusste, ob er nun sinnlich oder monströs, unbotmäßig oder gar obszön war. Jedenfalls war er beeindruckend, brannte sich ins Gehirn. Wer einen Porsche Turbo das erste Mal sah, dem prägte sich diese Form ein. Denn der Wagen hatte einen Auftritt, war eine Erscheinung, ja eine Offenbarung. Es waren wenige, die sich einen Porsche Turbo leisten konnten, und von diesen wenigen hatte auch nicht jeder den Mut, ihn sich zu gönnen. Aber das gesamte automobile Deutschland kannte den Porsche 911 Turbo. Und nicht nur das automobile Deutschland, sondern auch automobile Ignoranten kannten ihn, zumindest all jene Mütter kleiner Jungs

und pubertierender Söhne, deren Zimmerwände mit den begehrten Postern geschmückt waren. Damals wussten Mütter: Der Porsche 911 Turbo hat 260 PS dank eines KKK-Turboladers (KKK = Kühnle, Kopp und Kausch aus Frankenthal).

Eine Liebesgabe zum 70sten Geburtstag: Turbo Nummer Eins, mit einem rund 240 PS starken 2,7-Liter-Motor versehen, für Louise Piëch, die Tochter Ferdinand Porsches, die Schwester Ferry Porsches und gleichzeitig das Porsche-Oberhaupt in Österreich. Der Alpha-Turbo trägt noch die schmale Karosserie des »normalen« Elfers.

Im September 1973, auf der IAA, stand nicht nur das Langzeitauto von Porsche, sondern auch ein Turbo des Modelljahrs 1974, noch weit von der Serienreife entfernt. Links ein VW/Porsche, rechts ein Volkswagen 412 LS und im Hintergrund ein Volkswagen-Prototyp, der Volkswagen ESVW 1, ein Sicherheitsfahrzeug, präsentiert im Herbst 1971.

Die Trophäe: Jeder wollte 1975 einen Porsche-Turbo-Prospekt. Aber nicht jeder bekam ihn. Wer ihn bekam, war stolz, sehr stolz. Vor allem dann, wenn er ein Jugendlicher und begeisterter Prospekt-Sammler war.

Das ist das Ambiente, in dem sich ein Porsche 911 Turbo wohl fühlt: Der Casinoplatz in Bern. Interessant: In Bern geht man zum Spielen in den Kursaal und zum Konzert ins Kasino. Im Bild ein 1976er Turbo, im Vordergrund ein seltener Fiat 128 Rally.

Nüchtern, technisch, pragmatisch betrachtet, war der Porsche 911 Turbo ein Porsche 911 Coupé mit Komplettausstattung, erlesene Materialien, komfortabel ausgestattet. Es gab ihn in exklusiver Farbpalette (Metallic serienmäßig, jede andere Farbe, auch Sonderlacke, ohne Mehrpreis), und er trug keinerlei Chrom. Die Zierteile waren mattschwarz, Scheinwerferringe und Außenspiegel erstrahlten in Karosseriefarbe. Rundum getönte Verglasung, selbst die Windschutzscheibe beheizbar. Innen Leder oder eine Kombination aus Leder und Schottenstoff, auf der Rücksitzlehne ein gestickter »Turbo«-Schriftzug, denn auf eines legte der Wagen keinen Wert, und das war Diskretion. Die bestmögliche Stereoanlage beschallte aus vier Lautsprechern den Innenraum, elektrische Antenne, Türschlüssel mit integrierter Minileuchte. Der Heizkomfort ist dank automatischer Regulierung perfekt, eine per Drehknopf vorgewählte Innenraumtemperatur wurde ziemlich stabil eingehalten. Ansonsten entsprach der 911 Turbo schlichtweg dem best ausgestatteten 911 Carrera 2,7.

Während der Carrera erst 1976 zum 3-Liter-Wagen aufstieg, hatte der Turbo diese magische Hubraumklasse bereits ein Jahr zuvor erreicht. Als Sauger war aus dem Sechszylinder-Boxer kaum mehr Leistung herauszuholen gewesen, der Carrera 3,0 schien damals das Ende der konstruktiven Fahnenstange. Porsche entschied sich für die Aufladung, um die gewünschte Leistung von 260 PS zu erreichen. Wie bei den 2,7-Liter-Elfern, sorgte die Bosch K-Jetronic für die passende Gemischaufbereitung, und um der gestiegenen Leistung souverän Herr zu werden, modifizierte Porsche den Wagen grundlegend. Viel Rennwagen-Knowhow floss ein, vor allem vom Carrera RSR (hauptsächlich Fahrwerkskinematik). Nötig war ein eigenes, neu konstruiertes Viergang-Getriebe. Federung und Dämpfung waren härter, und auch die Reifendimensionen kannte jeder Junge auswendig: vorne 185/70 VR 15, hinten 215/60 VR 15 auf Fuchs-Felgen, deren Felgenstern mattschwarz lackiert ist, Felgenhorn blank poliert. Insgesamt waren dies so zahlreiche Änderungen, dass der Turbo intern nicht als 911er lief, sondern eben als Typ 930.

Turbo. Das war später selbstverständlich. Jeder Kleinwagen war zeitweise turbo. Nur wer die Zeit selbst erlebt hat, kann nachvollziehen, welch elektrisierende, welch betörende Wirkung das Wort »Turbo« Mitte der 70er Jahre hatte. Jemand sagte »Der Turbo«, und alle wussten, wer gemeint ist: Der Porsche 911 Turbo. Und jeder stand ergriffen da. Der eine riss die Augen auf, der andere schloss sie. Und alle träumten vom Turbo. Porsche 911 Turbo 3,0 1974 vor dem Porsche-Werk 7 in Ludwigsburg.

Das sind Räder! Diese Reifengröße konnte damals jeder Junge herbeten, besser als die binomischen Formeln: vorne 185/70 VR 15, hinten 215/60 VR 15 auf Fuchs-Felgen, Felgenstern mattschwarz lackiert, Felgenhorn blank poliert.

Der Unterschied: normal beatmeter Motor im 911 S 2,7 Targa, Turbo im »turbo«, der sich modern klein schrieb und, wie gut zu sehen und zu lesen ist, in seiner US-Version den Heckschriftzug »turbo Carrera« trug. Beide Modelljahr 1976.

Im Jahr seines Erscheinens war der Porsche 911 Turbo das wohl am meisten von Journalisten getestete Fahrzeug, auf jeden Fall das von ihnen am liebsten getestete Fahrzeug, und unvergesslich ist jene Aufnahme von Julius Weitmann in Auto Motor Sport Heft 11/1975, worauf der Turbo, von hinten zu sehen, mit vier abgehobenen Rädern über eine Kuppe schanzt. Verfasser Gert Hack konnte und wollte seine Faszination nicht verbergen. Er sprach von Prestige und technischer Exklusivität, von potenziertem Spaß auf freier Strecke, von einer völlig neuen Dimension der Kraftentfaltung, und wie kultiviert der Turbo dabei doch vorgehe. Hack sah im Porsche 911 Turbo nicht nur den besten Porsche überhaupt, sondern auch neue Maßstäbe »für den deutschen Automobilbau«. Die amerikanische Road & Track nannte den Turbo in ihrer Januar-Ausgabe 1976 schlichtweg »sensational«. Dieser Satz spricht Bände: Der Turbo sei »the car every Porsche fanatic would mortage his soul to Stuttgart to own« (jeder Porsche-Fan würde seine Seele nach Stuttgart verkaufen, um einen zu besitzen).

Der Turbo hatte eine magische Anziehungskraft auf Spitzensportler. Das ist Uli Hoeneß, der seinen Turbo im Porsche-Werk 2 in Zuffenhausen abholt.

Hier posiert Walter Röhrl 1979 vor und auf seinem Turbo. Dabei war »Der Lange« zwischen 1978 und 1980 bei Fiat unter Vertrag und schmiss einen Fiat Abarth 131 um die Ecken, und bei der Markenweltmeisterschaft für Sportwagen startete er auf Lancia Beta Montecarlo. Seine professionelle Porsche-Zeit sollte erst noch kommen.

Das Ludwigsburger Residenzschloss im Barockstil war und ist für Porsche eine beliebte Fotokulisse. Zwei rote 1978er Porsche, vorne der 911 Turbo 3,3.

Weniger pompös als Kulisse, aber für Auto-affine Betrachter spannender: 911 Turbo 3,0 im Porsche-Werk 2 in Zuffenhausen, September 1976.

Es waren pure Begeisterungsstürme, denen sich die Tester hingaben – nicht zuletzt deshalb, weil sie Mitte der 70er Jahre fast ausschließlich über Benzinverbrauch, passive Sicherheit, Effektivität, Optimierung und Spritkosten zu schreiben hatten, ja sie mussten mit fast jeder Zeile das Automobil an sich gegen seine Angreifer verteidigen. Damals änderten sich die Paradigmen in Folge von Ölkrise und Sicherheitsdebatte. War zuvor der Fahrspaß im Vordergrund gestanden, so musste das Auto quasi über Nacht vernünftig werden. Welch ein Lichtblick für die geschundenen Motorjournalisten war da der Porsche 911 Turbo! Endlich konnten sie mal wieder ihrer Begeisterung Ausdruck verleihen. Und dabei verstießen sie nicht mal gegen den vorherrschenden, politischen und gesellschaftlichen common sense. Denn der Porsche 911 Turbo war selbstverständlich eine Ausnahmeerscheinung und aufgrund seines Preises in Höhe von 65.800 D-Mark nicht in kadett- oder golfhafter Epidemie auf Deutschlands Straßen zu erwarten. Außerdem war Porsche in dieser Hinsicht ja von Anfang an brav und gewöhnte seinen Autos unbotmäßigen Durst ab.

Im Jahre 1977 bedeutete diese Ausstattung bei Porsche »all inclusive«: Turbo mit Turbo-typischer Vollausstattung.

Darf's etwas mehr sein? Sonderwünsche wurden bei Porsche stets gerne bedient – vor allem, wenn die Sonderwünsche von prominenten oder besonders guten Kunden kamen.

Oder eine andere als die Fließbandlackierung? Bitte sehr! Regenbogenstreifen am schwarzen Turbo 3,0 von 1976. Im Hintergrund der Mercedes L406 Renntransporter des Hauses Porsche.

Einen Porsche 911 Turbo fahren und/oder testen zu dürfen, war jedenfalls eine Offenbarung der Geilheit in automobil tugendhaften und korrekten Zeiten und unisono klapperten die Schreibmaschinen in den Autoredaktionen den Olymp der Begeisterung auf das Manuskriptpapier. Der Turbo fährt los, wie ein Elfer eben losfährt. Der Boxer klingt gleich, der Sound kommt von hinten, der Elfer-gewohnte Fahrer musste sich in keiner Form umorientieren. Er sah auch nicht mehr Uhren auf dem Armaturenbrett, er hatte überhaupt nichts turbospezifisches im Blickfeld. Im Normalfall nach dem Losfahren, im Stadtverkehr – keine Offenbarung. Doch wehe, wenn das Gaspedal durchgetreten wird. Dann wird der Boxer zur Orgie. Aber nicht zur infernalischen, denn mit Geschrei und Gelärm geht die schiere Beschleunigung nicht vonstatten, sondern akustisch erstaunlich kultiviert (das Geschrei überließ Porsche den Italienern). Aber der gewaltige Druck, der den Fahrer in den Sitz presst, überrascht doch, wenngleich er die Leistungsdaten theoretisch kennt: nach 3,6 Sekunden auf 80 km/h, doppelt so schnell nach 11,8 Sekunden, und nicht mal 20 Sekunden vergehen, bis der Porsche 911 Turbo mit Tempo 200 rennt. Topspeed 250 Sachen bei 6000 Umdrehungen. Aber dies praktisch zu erleben, das ist doch eine ganz andere Hausnummer! Und es bedarf eines gewissen Fahrkönnens. Mit einem Porsche 911 Turbo kann man langsam fahren, ohne ihn zu quälen. Aber dafür war er nicht gebaut. Fährt man ihn schnell, also artgerecht, so ist er ziemlich nahe am Rennwagen und bedarf eines kundigen Fahrers – damals wie heute. Dieser Wagen war in seiner Klasse und zu seiner Zeit sicherlich nahe der Perfektion und er war der perfekteste und reifste Supersportwagen, den man damals für Geld kaufen konnte.

Wem Streifen zu bieder erschienen, konnte beim örtlichen Lackierer seines Vertrauens ordern, was machbar und bezahlbar war, zum Beispiel eine effektvolle Verlaufslackierung, hier an einem 1975er Turbo.

Kriegsbemalung gewünscht? Porsche-Turbo-Kunden waren nicht unbedingt die diskretesten der Gattung homo sapiens, zumindest nicht in den 70ern. Sie stellten zur Schau, was sie hatten. 911 Turbo 3,0, Modelljahr 1975. Das Klebedesign war regulär als »Turbo-Schriftzug schraffiert« in Weiß oder Schwarz erhältlich, auf Sonderwunsch auch in Vollton Rot, wie hier gezeigt.

Das Martini-Dekor: Der Turbo-Fahrer sonnte sich in den Erfolgen des Werksteams. Wer die Farbe Grand-Prix-Weiß mit der Option M42 orderte, bekam diesen Wagen.

Auch wenn es auf den ersten Blick so erscheinen mag: Das ist nicht das Karajan-Fahrzeug. Herbert von Karajan, der österreichische Dirigent und einer der bedeutendsten Dirigenten des 20. Jahrhunderts überhaupt, war großer Porsche-Fan. Er bekam nicht nur einen Porsche 959, sondern gleich deren zwei. Legende ist seine Aussage darüber: »Mit dem Ersten hatte ich keine Probleme, da er abbrannte.« Sein 911 Turbo 3,0 hatte eine 2,7-Liter-RS-Karosserie und RSR-Frontspoiler. Der abgebildete Wagen, Aufnahme im Porsche-Werk 2 in Zuffenhausen, ist ein Nachbau für einen anderen Kunden, etwas verändert ohne die RSR-Front, aber im Karajan-Look.

Auffallen um jeden Preis. Wer sagt denn, dass ein Porsche 911 Turbo immer seriös lackiert sein muss?

Das »Prinzip Turbo« wurde in jedem Test erklärt und gelobt, weil es letztlich sehr effizient ist. Zylinderfüllung und Mitteldruck werden vom Abgasturbolader optimiert, und angetrieben wird der Lader von der Strömung der Auspuffgase, die normalerweise (bei einem Saugmotor) nur nutzlos aus dem Auspuffendrohr strömen. Zudem wirkt der Lader im Auspuffsystem wie ein zusätzlicher Schalldämpfer, was den Wagen obendrein leiser macht. Das viel beschworene »Turboloch« meisterte Porsche auf seine Weise: Die Ladedruckregelung funktionierte über ein Abgas-Bypassventil, wodurch schon bei niedrigen Drehzahlen eine spürbare Erhöhung des Drehmoments erzielt wurde.

Aber die klassische Farbe für den Porsche Turbo in den 70er Jahren war rot. Rot wurde mit dem Porsche allgemein konnotiert. Wenn man einen absoluten Autoignoranten fragte, was er sich unter einem Sportwagen vorstellte, so antwortete er: einen roten Porsche.

Ein Porsche Turbo macht Spaß. Ein Porsche Turbo ist ein Liebhaberstück, und wer klug war, missbrauchte ihn nicht, damit er zum Klassiker reifte. Aber man konnte ihn auch missbrauchen und im Winter Spaß mit ihm haben. Er rostete nicht. Er war sehr solide gebaut.

Ein schnelles Auto will schnell gefahren werden, und wer mit 260 PS im Heck einen ordentlichen Drift hinlegen wollte, musste seinen Wagen beherrschen. Früher Turbo mit 3-Liter-Motor in der Farbe Braun Kupfer Diamant 443.

Ebenfalls sehr dynamisch: Früher Turbo 3,0, optisch modernisiert mit den Seitenblinkern des späteren Turbo 3,3, lackiert in Weinrotmetallic, einer Sonderfarbe für den 911 aus dem 928-Programm.

Der höchste Augenblick, Ekstase vorprogrammiert, Adrenalin, Herzschlag: 911 Turbo 3,3 von 1984 in der Wagenauslieferung. Man konnte seinen Porsche beim Porsche-Händler in Empfang nehmen. Man konnte ihn aber auch selbst im Werk abholen.

Viele Jahre lang gab es den Turbo nur als Coupé. Ab Frühjahr 1987 kamen auch Targa- und Cabriolet-Kunden in den Turbo-Genuss. 911 Turbo 3,3 Targa des Modelljahrs 1987.

Die 80er Jahre waren zwiespältig, was den automobilen Expressionismus anbelangt. Es war die Zeit des Tunings, teilweise radikaler Natur, für die absolut Exaltierten. Die Seriösen votierten in den 80ern hingegen für besonders diskrete Farben, fast schon unauffällig. In den 80ern kam Silbermetallic auf, auch Varianten von Silbermetallic mit geringen Farbbeimischungen, also einem Blau-, Grün- oder, wie im Bild, Braunstich. Das war so unauffällig, dass die Karosserien fast wirkten, als seien sie gar nicht lackiert.

Typischer Understatement-Turbo, Modelljahr 1984. Zumindest optisch kracht nichts, knallt nichts. Zwar Turbo fahren, aber ja nicht auffallen – so lautete die Devise. Und als Erstwagen stand eine S-Klasse in Silber ohne Heckschriftzug in der Garage.

Die Evolution des Porsche 911 Turbo orientiert sich zumeist an jener des Porsche 911, doch es gab typspezifische gravierende Änderungen. 1976 neue Reifen (Pirelli-50er-Schlappen 205/50 VR 15 vorne und 225/50 VR 15 hinten). 1977 16-Zoll-Felgen für die 50er-Reifen, Ladedruckanzeige. 1978 Motorklappe aus Blech statt Kunststoff, etwas größerer Heckspoiler, Frontspoiler leicht modifiziert, neue, vom Porsche 917 abgeleitete Bremsanlage. Zwei Jahre lang lebte der Porsche 911 Turbo in seiner Ursprungsversion, von 1975 bis 1977. Dann begann eine zweite Karriere mit 3,3-Liter-Motor, die bis 1989, also zwölf Jahre lang, dauern sollte. Das ist der »Super-Turbo«, noch stärker, noch besser, Produktionsbeginn Ende 1977.

Hauptunterscheidungsmerkmal optischer Natur war der neue Heckspoiler. Er war nicht nur aerodynamisch ausgefeilter, sondern bewirkte auch, dass der neue Ladeluftkühler (und der Motor) besser mit Kühlluft versorgt wurden. Seine Form entstand im Windkanal und er ließ auch genügend Platz für den Ladeluftkühler sowie, falls eingebaut, einen Klimaanlagenkompressor. Natürlich Fahrwerksverbesserungen, endlich belüftete und perforierte Scheibenbremsen. Diese hätten schon beim Vorgänger erscheinen sollen, doch damals hatte Porsche die Bruchgefahr noch nicht vollständig im Griff gehabt. Jetzt schon. Der neue 3,3-Liter-Turbo war noch stärker, satte und runde 300 PS, und noch schneller, 260 km/h Topspeed, 5,4 Sekunden für den Spurt auf Tempo 100. Beeindruckend heute noch, unglaublich damals. Abgasanlage und –turbine blieben unverändert, der Turbolader erhielt eine höhere Verdichtung und seine Ladeluft wurde nunmehr vorgekühlt. Nach wie vor offerierte Porsche den Turbo nur als Coupé. Auto Motor und Sport nannte ihn in Heft 9/1978 ein »heißes Eisen« und stellte die Frage, wo die Entwicklungsgrenzen dieses Triebwerks zu suchen seien.

Ein Elfer sieht innen immer aus, wie ein Elfer aussieht. Top of the line, 911 Turbo 3,3 Coupé des Modelljahrs 1986. Wer zuvor einen 911 von 1974 gefahren hatte, fand sich zurecht, ohne sich umorientieren zu müssen.

Das Herz des 911 Turbo 3,3 von 1986. So sehen 300 PS aus, so sehen 260 km/h Topspeed aus und so sehen 5,4 Sekunden für den Spurt auf Tempo 100 aus.

1980er Turbos sind an der Auspuffanlage mit doppeltem Endrohr links zu erkennen. 1983 Verbrauchsreduzierung, Zusatzgebläse im Fußraum, noch bessere Stereoanlage, 1984 in den Bugspoiler integrierte Nebelscheinwerfer, 1985 erweiterte Serienausstattung inklusive Klimaanlage, 1986 noch breitere Hinterräder (245/45 VR 16), Vordersitze nun auch für Riesen geeignet, 1987 diebstahlcodiertes Radio. Im Frühjahr 1987 gibt es den Turbo-Genuss auch im Cabriolet und im Targa. Ein wichtiger Einschnitt ist das Modelljahr 1989 – nicht nur, weil es das letzte für den Porsche 911 Turbo als G-Modell darstellt, sondern auch, weil es endlich ein Fünfgang-Getriebe gab, gepaart mit einer hydraulischen Kupplungsbetätigung. Die Fünfgangbox war natürlich sportlich ausgelegt, nicht schonend. Sie ermöglichte kleinere Drehzahlsprünge, der Turbolader konnte also schneller Druck aufbauen, der Sportwagen wurde dadurch noch agiler. Gründlich modifizierte Fahrwerksabstimmung.

1980 betrachteten die Porsche-Verantwortlichen den Elfer als vollendet und bezweifelten, ob die Konstruktion noch ein Entwicklungspotenzial in sich barg. Sie getrauten es sich kaum auszusprechen, aber sie sahen seine Zeit als abgelaufen an. Im 928 lag die vermeintliche Zukunft, und so ließ sich Ferry Porsche 1980 vor der Porsche-Villa zwar mit einem 911 Turbo 3,3 fotografieren, aber nicht, ohne dass ein 928 im Bild war. Kurz darauf dachte Porsche um.

Der internationale und somit englische Porsche-Slang bezeichnet diese Art Porsche 911 als »Flatnose«. In Zuffenhausen sagt man dazu »Flachbau«. Das ist Deutsch und sagt dasselbe aus: Ein Elfer ohne die torpedoförmigen Ausbuchtungen für die Scheinwerfer. Mit anderen Worten: Ein Elfer à la 935 oder gar 928. Die ersten im Werk hergestellten Flachbau-Turbos trugen ihre Scheinwerfer im Spoiler.

Später dann gab es Klappscheinwerfer vom Porsche 944, im Bild ein Wagen von 1984.

Nach Erscheinen des 928 und nach den Erfolgen des 935 auf der Piste wuchs bei manchen Porsche-Turbo-Fahrern der Wunsch nach einer derartigen Frontgestaltung. Ansprechpartner waren in erster Linie die Tuner, die sich an schwere Eingriffe in die Karosseriestruktur wagten – hier überschneiden sich die Arbeitsgebiete des Karosseriebauers mit denjenigen des Tuners. Firmen wie beispielsweise Gemballa oder Buchmann, aber auch etliche andere, schufen Flachbau-Elfer. Der Wunsch danach wurde auch an das Werk herangetragen. Denn etliche Porsche-Kunden vertrauten den externen Spezialisten nicht.

Im »Rössle-Bau« wurden die Flachbau-Porsche geschaffen, eine sehr aufwändige Prozedur, absolute Handarbeit – made by Porsche und somit mit Werksgarantie. Im »Rössle-Bau« entstanden die Porsche 959, die Mercedes 500 E W 124, die Audi Avant RS 2.

Es gab Porsche-Turbo-Kunden, welche vom Rennsport-Typ 935 mit seinem flachen Vorbau ohne Kotflügelausbuchtungen für die Scheinwerfer so fasziniert waren, dass sie einen »Flachbau« (im internationalen Porsche-Slang: »Flatnose«) fahren wollten. Dieser Wunsch wurde ihnen von Tunern erfüllt, aber auch von Porsche selber ab 1983 (erste Exemplare ab 1981 im Sonderwunschprogramm, ohne Klappscheinwerfer), sowohl mit Klappscheinwerfern vom Porsche 944 als auch mit Scheinwerfern im Bugspoiler integriert. Diese Flachbauversionen sahen zwar ebenso »nachträglich hergestellt« aus, wie die Elaborate der Tuner und Karosseriebauer, aber sie waren eben original und hatten Werksgarantie und -rostschutz. 204 Fahrzeuge der Version mit Klappscheinwerfern baute die Porsche-Abteilung VR (Reparatur), 686 wurden in Serie erstellt. Dazu kamen noch 58 Flachbau-Turbos ohne Klappscheinwerfer, auch aus der Abteilung VR. Ebenfalls ein Angebot der Reparaturabteilung ab 1983: 330 PS für den Turbo, 270 km/h schnell, als Flachbau sogar 275. Mehr Turbo ging nicht.

890 Porsche 911 Turbo wurden im Werk zu Flachbau-Elfern konvertiert, dazu 58 Exemplare ohne Klappscheinwerfer, mit Scheinwerfern im Bugspoiler. Und wer diesen Umbau in Auftrag gab, votierte meist auch noch für die werksseitige Leistungssteigerung auf 330 PS. Das machte den Flachbau-Turbo 275 km/h schnell.

Hier steigt der stolze Eigner ein, er holte seinen Wagen im Werk ab. Der saudi-arabische Geschäftsmann war damals 31 Jahre alt und Chef der TAG-Firmengruppe. Es ist Mansour Ojjeh, ein Mann aus dem Morgenland mit märchenhaftem Vermögen, einer der reichsten Männer der Welt. Sein Gemischtwarenkonzern TAG (= Techniques d'Avant-Garde) sponserte die Formel 1 und gab Porsche den Auftrag, einen Formel-1-Motor zu bauen.

Porsche ging noch weiter, wenn der zahlungskräftige und prominente Kunde es wünschte. Dieses Monstrum ist 1983 tatsächlich im Werk entstanden. Es ist ein Straßenfahrzeug, kein Rennwagen. Man könnte ihn »Porsche 935 street« nennen, Apfelrotmetallicfarben, Lederfarbe Creme Caramel, innen viel Edelholzfurnier, 380 PS stark. Er basierte auf einem 911 Turbo, kostete damals über eine Viertelmillion D-Mark und war, wie man sagt, bis dato das aufwändigste Projekt der Porsche-Abteilung Sonderwunsch. Der Umbau umfasste nämlich genau 550 Positionen.

Ein besonderer Turbo, und häufig beiläufig im Sportteil der Auto Motor Sport abgebildet: Das ONS-Streckenfahrzeug, zunächst in giftigem Grün. Genau das Richtige für die Streckensicherung.

Der Elfer als Lebensretter: Bestandteil der ONS-Sicherheitsstaffel

Zwei Notärzte in feuerfesten Rennanzügen jagen dem Starterfeld hinterher, Mitglieder der ONS-Sicherheitsstaffel. Porsche sind R-Wagen, Rettungsfahrzeuge, die schnellsten der Staffel, bestückt mit Feuerlöscher und Bergewerkzeug. Ihnen folgen die S-Wagen, die Sicherheitsfahrzeuge, meist Kombis, Granada Turnier, Mercedes T-Modelle, anfangs sogar ein speziell umgebauter Opel Admiral Caravan, starke, kräftige, schnelle Kombis. Die Fahrzeuge sind meist Leihgaben oder Geschenke der Autoindustrie, die ONS-Sicherheitsstaffel ist sozusagen eine Goodwill-Aktion der Industrie. Aber auch werbewirksam. Die ONS (Oberste Nationale Sportbehörde) mit Sitz in Frankfurt deckt die laufenden Kosten durch Spenden, aber die Rennveranstalter sind zu Gebühren verpflichtet. Das Domizil der ONS-Autos in den 70er und 80er Jahren war das Porsche-Versuchszentrum in Weissach, dort fanden auch die Schulungen der Staffel-Männer statt – oftmals ehemalige Rennfahrer. Und die Mediziner an Bord müssen neben ihrem hippokratischen Job auch beherrschen, wie man einen eingedrückten Kotflügel möglichst rasch abschneidet oder einen Formelrennwagen ans Abschleppseil hängt. Und die Fahrer des Notarzt-Porsche ihrerseits müssen ebenfalls interdisziplinär tätig sein und zur Not den Notarzt unterstützen.

Die Idee der ONS-Sicherheitsstaffel stammt vom ehemaligen Porsche-Werksfahrer Herbert Linge, in leitender Position im Porsche-Versuchszentrum Weissach beschäftigt. Die Verbesserungen der Sicherheitsvorkehrungen im Rennsport waren zeitlebens sein Thema. Die ONS-Sicherheitsstaffel rief Linge 1973 ins Leben, die S-Fahrzeuge rund um die Strecke positioniert, jedes innerhalb weniger Sekunden an jedem beliebigen Unfallort. Der grässliche Feuertod von Roger Williamson beim Großen Preis von Holland im Juli 1973, wo der Veranstalter die damals 2000 D-Mark Gebühren für die ONS-Staffel sparen wollte, ließ den damaligen Formel-1-Geschäftsführer Bernie Ecclestone umdenken. Fortan war die Linge-Truppe immer häufiger auch international im Einsatz. Das erste ONS-Sicherheitsauto war ein in der Porsche-Versuchsabteilung ausrangierter Porsche 914/6, den Linge zum Feuerwehrauto umbauen hatte lassen: 120-Kilo-Halon-Löschanlage mit acht Metern Schlauch, an Bord hydraulische Pressen, Blechscheren, Seilwinde, Säge und anderes Bergungswerkzeug. Und natürlich Sprechfunk. Linge selbst und der Unfallarzt Eddie Rothenfelder bildeten die Besatzung dieses ersten R-Wagens, jagten dem Feld in den ersten und gefährlichsten Runden hinterher, blieben dran.

Die Nordschleife am Nürburgring war und ist die größte Herausforderung, auch wegen ihrer Länge von 22 Kilometern. Neun S-Wagen werden in eigens eingerichteten Parkta-

Der Wagen demonstriert, dass ein vorderer Kofferraum, wenn sinnvoll gepackt wird, sogar so Einiges schluckt...

... und im inneren, hinteren Kofferraum ist sogar ein richtiges Feuerlöschsystem untergebracht. Aufnahmen im Juni 1976 im Porsche-Entwicklungszentrum Weissach.

schen positioniert und jeder deckt 2,5 Kilometer Strecke ab: Jeder Unfallort ist im Idealfall in 45 Sekunden erreichbar. Im November 1972 beschloss die ONS-Sportkommission, aus den bisher freiwilligen Helfern eine professionelle Truppe zu formen. Im April 1973 präsentierte die Sportbehörde die ONS-Rennstrecken-Sicherungsstaffel offiziell. Alle Staffelmitglieder sind ehemalige oder aktive Motorsportler und arbeiten ehrenamtlich. Die Autos werden von der Industrie gespendet. Heute sind es sechs Ärzte und 100 Mann Personal, Lob kommt von allen Seiten, und nahezu jede Motorsport-Nation leistet sich heute eine eigene, mobile Rettungseinheit nach deutschem Vorbild.

Derselbe Wagen, aber umlackiert: Aufnahme des 911 Turbo 3,3 als Streckenfahrzeug der Rennleitung auf dem Nürburgring 1981.

Kapitel Neun

Carrera und Turbo: Die Rennversionen Carrera RS/RSR und 934

In der Grand-Tourisme-Gruppe hatte sich der Porsche Carrera RSR einen guten Namen gemacht. Letztlich fand er keine ebenbürtigen Gegner mehr, die GT-Europameisterschaft 1973 geriet zum absoluten Porsche-Festival. 1974 war es nicht anders, die Kölner Privatteams von Georg Loos und Erwin Kremer dominierten das GT-Geschehen auf Porsche Carrera RSR 3,0. Und 1975 dasselbe Bild, selbst in der amerikanischen IMSA-Serie. Diese Saison war das Ende der Carrera-Ära, für 1976 bot Porsche den Kunden eine Rennsportversion des 911 Turbo an, den Porsche 934, 485 PS stark, 108.000 D-Mark teuer und quasi auf Siege abonniert.

Die Eleganz des ursprünglichen Carrera RS 2,7 mit seinem Entenbürzel war perdu. Der Carrera RS von 1974/75 sah, vor allem wegen seines vorderen Kunststoff-Formteils, ein wenig nach Hinterhoftuning aus. Und nachträglich getunte Hinterhoffahrzeuge ließen sich auf den ersten Blick auch nicht mehr vom werksseitigen Carrera RS 3,0 unterscheiden. Der Frontspoiler des abgebildeten Fahrzeugs entspricht nicht der Serie.

Zuvor, 1974 und 1975, hatte Porsche seinen Kunden den 911 Carrera RS 3,0 respektive RSR 3,0 offeriert. Der RS ist ein Straßenauto mit Straßenzulassung, ein Gruppe-3-Fahrzeug für Rennen und Rallyes. Der RSR verfügte über einen Rennmotor, war breiter und hatte spezielle Räder, seitliche Lüftungsöffnungen vorne und hinten sowie einen speziellen Heckflügel, keine Straßenzulassung. Beide Stoßstangen sowie die vorderen und hinteren, unteren Karosserieabschlüsse waren einteilige Plastikformteile, vorne mit integriertem Ölkühlerschacht. Dieses Design wirkte, zumindest im Vergleich zum kultigen Vorgänger 911 Carrera 2,7, etwas unmotiviert und sah ein wenig nach Hinterhoftuningwerkstatt aus. Der serienmäßig 230 PS starke 3-Liter-RS war nach demselben Prinzip gestrickt: Gewichtsersparnis durch Dünnbleche, Dünnglas, GfK-Teile und Magerausstattung, innen Leichtbauschale für den Fahrer, Rennsitz für den Beifahrer, beide von Recaro, Vorbereitung für Überrollbügel. Das Fahrwerk entsprach weitgehend dem Vorgänger Carrera RS 2,7, Bremsanlage vom Porsche 917, Fünfgang-Getriebe. Fenstereinfassungen und Außenspiegel mattschwarz, Scheinwerferring in Wagenfarbe. Reifen 215/60 VR 15 vorne und 235/60 VR 15 hinten. 110 Exemplare à 64.980 D-Mark, davon wurden 50 oder 56 (je nach Quelle) ab Werk für Renn- oder Rallyeeinsatz zum RSR umgebaut.

Der damals sehr erfolgreiche, sanfte Chansonnier Reinhard Mey holt 1974 seinen Carrera RS 3.0 im Werk ab. Reinhard Mey hatte schon immer ein Faible für Porsche, das ist bekannt.

Von der breiten und beflügelten Optik abgesehen, unterschied sich der RSR vom RS durch den speziellen Recaro-Rennsitz, Überrollbügel, Feuerlöschanlage, 110-Liter-Tank, zwei Benzinpumpen, Reifen 230/600-15 vorn und 260/600-15 hinten. Motor 315, später 340 PS. Unter dem Titel »Gewaltakt« schrieb Auto-Motor-Sport-Tester Klaus Westrup in Heft 15/1974 über Deutschlands stärkstes Auto, »der (reiche) Mann von der Straße« helfe Porsche, »den Verpflichtungen der Homologation genügen zu können« und »die Art, wie sich der potente Sprinter in Bewegung versetzt, sucht ihresgleichen«. Es handle sich »um einen fast schmerzhaften Abzug«: »Der entstehende Schub hat etwas von dem, der entsteht, wenn man zum Antreiben keine Räder mehr nötig hat, sondern das über Düsenstrahlen besorgen lässt.« Außerdem nannte Westrup zwei Promis, die sich für einen Carrera RS 3.0 hatten vormerken lassen: Herbert von Karajan und Rein-

Es ist schon etwas mehr, was aus einem 911 Carrera einen Carrera 3,0 RS macht als die hier gezeigten Technikteile. Aber sie sind schon das Wesentliche. Das weitere ist Optik und Interieur.

Ein Rennmotor: das 3-Liter-Aggregat mit Ansaugschieberanlage, anfänglich 315, später bis zu 340 PS Leistung im Carrera 3,0 RSR.

hard Mey. In der amerikanischen Road & Track testete Paul Frère den 3-Liter RS. Frère, ein Vollbluttechniker, war nie zu Begeisterungsstürmen bereit, doch beim Carrera RS waren selbst in seinem Test Emotionen zu spüren: »This is one of the fasted road cars we have ever timed«, schrieb er und merkte süffisant an, der 3-Liter-RS sei »one mile slower« als der Carrera RS 2,7, nämlich »nur« 149 mph.

Ein weiteres Sportmodell der G-Reihe war der 911 SC/RS 3,0 von 1985, intern Typ 954, in der Tradition des seligen 911 R von 1967 stehend: Ein Rallyewagen zu Homologationszwecken für die Gruppe B, auch rundstreckentauglich, 20 Fahrzeuge, straßentauglich. Karosserie, Fahrwerk und Bremsen vom 911 Turbo, vorderer und hinterer Karosserieabschluss aus GfK im Stil des Carrera RS 3,0, Gewichtsreduktion nach bewährtem Muster, weiße Lackierung, leistungsgesteigerter RS-Saugmotor mit 255 PS. Der 911 SC/RS ließ so ziemlich alles hinter sich, was eine Straßenzulassung hatte, einschließlich des stärkeren, aber deutlich schwereren 911 Turbo. Preis 188.100 D-Mark. Tester Wolfgang König tröstete in Auto Motor Sport 6/1984 all jene, die sich als 21ster oder später gemeldet hatten und leer ausgingen: »Die RS-Spezialitäten sollen auch als Einzelteile zum Umbauen verkauft werden.« König charakterisierte den 911 SC/RS als »Porsche pur«: »Es braucht einen besonders hartgesottenen Sportsmann mit einem ausgeprägten Sinn für das Wesentliche, um in diesem Porsche auf seine Kosten zu kommen.«

Reine Sportgeräte auf Basis des G-Modells waren der 911 SC 3,0 für die Safari-Rallye von 1978 und der 911 Carrera 4x4 für die Rallye Paris-Dakar 1985 (Typ 953, Proto-Karosserien, noch mit Saugmotor) und 1988. Letzterer diente der Erprobung des Allradantriebs für den Porsche 959 unter realistischen Bedingungen. Dann gab es noch die Gruppe-B-Version des Porsche 911 Turbo ab 1982, 365 PS anstelle der serienmäßigen 300 Pferde aus 3,3 Litern, für rund 150.000 D-Mark für Privatkunden rennfertig zu erwerben, die dem nach wie vor heißen BMW M1 zeigen wollten, was eine Harke ist.

Derartige Schnappschüsse auf dem Firmenhof sind deswegen im Nachhinein spannend, weil sie nicht inszeniert sind und einen Blick auf den Hintergrund gestatten. Natürlich macht der Carrera RSR 3,0 von 1974 gewaltigen Eindruck. Dann haben wir noch einen schmalen Elfer, ein sehr frühes G-Modell, einen Mercedes Strich-Achter und einen heute sehr seltenen Opel Rekord C Caravan. Der Parkplatz für den Betriebsrat ist frei.

Derselbe Wagen, aus einem anderen Fenster aus der ersten Etage fotografiert. Die Damen der Verwaltung haben gerade Betriebsschluss, ein Ur-Elfer steht brav neben einem G-Modell Targa, der Porsche-eigene Betriebs-Unimog hat auch Feierabend.

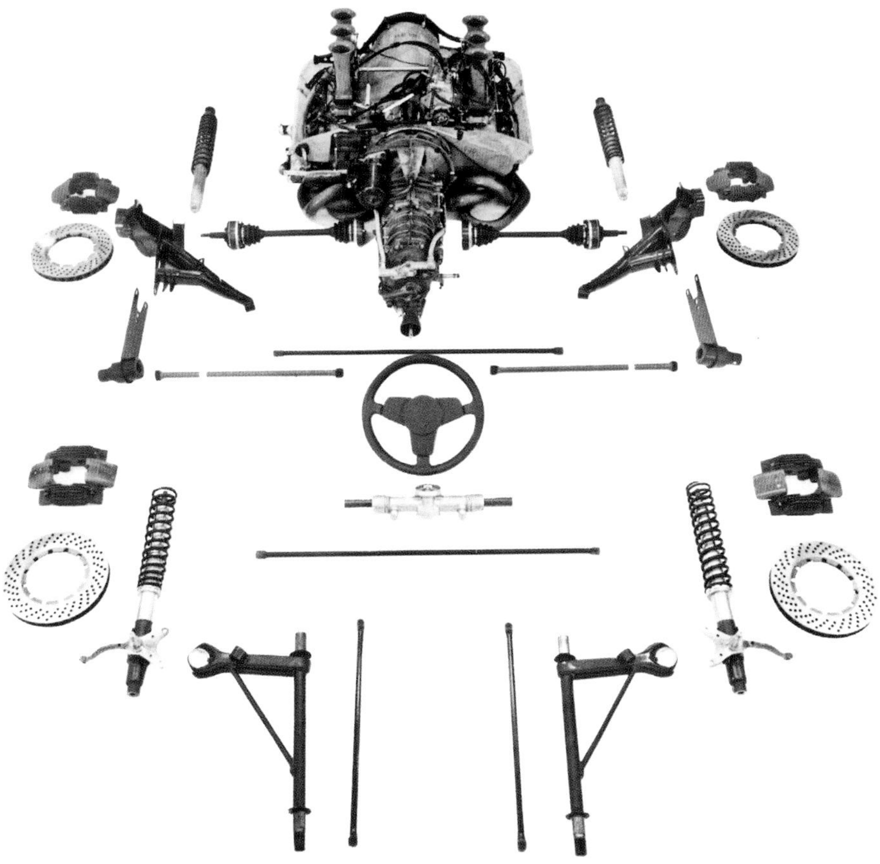

Ein sehr ähnliches Wimmelbild wie das zuvor gezeigte, hier die Teile für den RSR von 1974/75. Mit 340 PS damals immerhin Deutschlands stärkstes Auto und dasjenige mit den breitesten Schlappen.

Neben dem reinen Renntyp 935 ist der Porsche 934 Turbo als Gruppe-4-Rennsportversion des Elfers am besten in Erinnerung geblieben. Auf den ersten Blick sah er aus wie ein Porsche 911 Turbo, auf den zweiten offenbarte er seine Sonderstellung: im Bugspoiler zwei riesige Öffnungen für die beiden hinter dem Spoiler eingebauten Wasserkühler, daneben Öffnungen für die Bremsbelüftungen sowie den Ölkühler, Kunststoff-Kotflügelverbreiterungen. Kraftstoff- und Öltank unter der vorderen Haube, garniert mit Schnelltankanlage, innen total abgemagert, Bremsanlage vom Porsche 917, dreiteilige BBS-Felgen, schwer überarbeiteter 3-Liter-Motor vom 911 Turbo, 485 PS stark. Die erste Serie, 30 Exemplare, kostete 108.000 D-Mark. Die USA-Modelle von 1977 waren 540 PS stark, die 1979er Ausbaustufe brachte es in Einzelstücken auf 600 PS, in der Regel waren 540 PS die offiziell letzte Leistungssteigerung. Der Porsche 934 Turbo war, vor allem für die rennbegeisterten jungen Porsche-Fans, der ultimative Turbo, Topspeed über 300 km/h.

Auf diesem Foto sind 20 Porsche 911 SC/RS zu sehen. Die komplette Produktion. Mehr gibt es nicht.

Der Porsche Typ 954 alias 911 SC/RS 3,0 von 1984/85, ein Gruppe-B-Rallyewagen mit vielen Genen vom 911 Turbo, Karosserieanbauteile im Stile des Carrera RS 3,0, 255 PS, ziemlich leicht.

Der Finne Pauli Toivonen auf Porsche 911 SC/RS 3,0 mit seinem Navigator Ian Grindrod, Sieger bei den 24 Uren van Ieper (= 24 Stunden von Ypern) 1984, der größten Rallye-Veranstaltung Belgiens.

Ein reines Sportgerät war der Porsche 911 SC 3,0 für die kenianische East-African-Safari-Rallye 1978, die, wie man sagt, härteste Rallye der Welt. Porsche wollte sie immer gewinnen und hat sie noch nie gewonnen. 1978 musste sich der Porsche einem Peugeot 504 Coupé geschlagen geben. Vic Preston jr. und John Lyall wurden Zweiter, Björn Waldegaard und Hans Thorszelius Vierter.

Szene von der East African Safari 1978. Die Volkswagen T2 Service-Fahrzeuge mit Westfalia-Aufstelldach stellte der lokale Rallye-Service des Porsche-Piloten Vic Preston zur Verfügung, weswegen sie auch eine kenianische Zulassung haben und nicht made in Hannover waren, sondern Montagefahrzeuge aus dem südafrikanischen Uitenhage bei Port Elizabeth. Die vorderen weißen »Katzenaugen« oberhalb der Stoßstangen sind in Südafrika Pflicht.

4691 Kilometer in 94 Stunden, nur Staub, Schlamm, Schotter und Matsch. Porsche brachte 1978 beide Fahrzeuge ins Ziel, die merkwürdig aussehenden, hochbeinigen Martini-Elfer mit 28 Zentimeter Bodenfreiheit.

Aufbau der Rennfahrzeuge in der Rennabteilung in Weissach 1978: 911 SC 3,0 Safari.

Zwei Porsche Typ 953, der 911 4x4, Werkswagen, die nach dem Einsatz neu aufgebaut und, grün lackiert, ausgeliehen wurden.

Wo die Bundeswehr Panzer prüft, kann Porsche auch einen für die Rallye Paris-Dakar bestimmten Elfer prüfen: Das Panzer-Prüfgelände im niedersächsischen Ehra-Lessien ist direkt neben der Volkswagen-Teststrecke, und hier wird gewaltig am 911 4x4 gearbeitet. Der erste 953-Prototyp basierte auf dem 911 SC und war zunächst das Dienstfahrzeug Helmut Botts gewesen, danach Versuchsfahrzeug mit Differenzial vom Audi Quattro und Transaxlewelle vom Porsche 928. Mit ihm führte Jacky Ickx 1983 Tests in Algerien durch.

Dieselbe Szenerie, der Fotograf entfernte sich etwas vom Geschehen und fing damit noch mehr Atmosphäre ein: Mercedes L 406 Porsche-Renntransporter, ein gelber Elfer, ein Audi Ur-Quattro und ein roter Passat Variant. Und natürlich der Porsche 911 4x4 (Typ 953).

Gleich im ersten Jahr 1976 gewannen die Porsche 934 alle Rennen in der Deutschen Rennsport-Meisterschaft, Porsche wurde Marken-Weltmeister. In der GT-Europameisterschaft siegte der 934 in sechs von sieben Rennen, und in der Sportwagen-Weltmeisterschaft war er stets ganz vorne dabei. Im Folgejahr 1977 wurde der Gruppe-5-Porsche-935 ebenfalls an Privatteams verkauft und machte dem 934 das Leben etwas schwer. Der 935 dominierte die Saison 1977, einen 934 pilotierten schwächere (auch finanziell schwächere) Privatfahrer, aber in den USA hatte der Porsche 934 anno 1977 sein bestes Jahr in der IMSA-Serie. Bis 1986 startete der Porsche 934 und schafften viele Klassensiege in der GT-Klasse, war aber letztlich den stärkeren Gruppe-5-Wagen unterlegen. Ab 1982/83 kam der 934 GTO (modifizierte 934 und rückgebaute 935) zum Einsatz. Immerhin zehn Jahre lang war der Porsche 934 auf internationalen Rennstrecken zuhause. Wenn das mal keine Karriere ist!

Roland Kussmaul bei der Rallye Paris-Dakar 1984 in einem 911 Carrera 3,2 4x4 Paris-Dakar (Typ 953). Dieser Wagen war eine Etappe auf dem Weg zum Porsche 959. Bei dieser Dakar reüssierten alle drei in den Farben des Sponsors Rothmans lackierten Allrad-Carrera, Ränge 1 (Metge/Lemoyne), 6 (Ickx, Brasseur) und 26 (Kussmaul/Lerner).

Die legendären 24 Stunden von Le Mans am 19. Juni 1983: Die Briten John Cooper (ja, genau der!), Paul Smith und David Ovey belegten mit einem Porsche 911 Turbo Rang 11. Die Gruppe-B-Version des 911 Turbo verfügte über 365 statt 300 PS, für Privatfahrer rennfertig ab Werk zu haben.

Ein Porsche 911 Turbo, gestartet ein Jahr später in Le Mans am 17. Juni 1984 und pilotiert von Claude Haldi, Altfried Heger und Jean Krucker. Resultat: Rang 16.

»Plain Body«: Porsche 934 im Auslieferungszustand 1975. Er sieht auf den ersten Blick aus wie ein zwar etwas hergerichteter, aber dennoch straßentauglicher 911 Turbo. Mit einem Wort: eine für private Kundenteams vom Werk präparierte Motorsportversion der Gruppe 4.

Alles muss schnell gehen beim Boxenstopp. Dafür sind die Stutzen auf der vorderen Haube gut: vorne mittig die Schnelltankanlage, vor dem Fahrer befindet sich der Einfüllstutzen für das Motoröl. Vorne unter der Haube? Der Öltank ist beim Elfer eigentlich unter der Motorhaube, also hinten. Nicht so beim 934, wegen der Gewichtsverteilung wurde er nach vorne verlegt. Szene vom ADAC-1000-km-Rennen auf dem Nürburgring im Mai 1976, der Wagen des Ulmer Spielwarenhändlers Eberhard Sindel.

Vaillant, die deutsche Haustechnikmarke mit dem Latzhosen-Hasen im Logo. Als Motorsport-Sponsor trat Vaillant erstmals mit dem Porsche 934 von Bob Wollek auf, das Vaillant-Kremer-Team wurde geschaffen. Im Bild die Nummer 6 beim Eifelrennen auf dem Nürburgring am 2. Mai 1976, Bob Wollek wurde Dritter.

Das Jägermeister-Max-Moritz-Team im legendären Orange, ebenfalls mit einem Tier im Wappen, dem Jägermeister-Hirsch. Beim ADAC-1000-km-Rennen auf dem Nürburgring am 30. Mai 1976 schafften Reinhardt Stenzel, Helmut Kelleners und Derek Bell Platz Drei.

Solche Fotos hingen als DIN-A-2-Poster in den Jugendzimmern: Voll orange und volle Fahrt, Reinhardt Stenzel im Jägermeister-934 auf dem Norisring, Deutsche Rundstrecken-Meisterschaft (»200 Meilen von Nürnberg«) am 27. Juni 1976, Rang 2.

Kapitel Zehn

Der Porsche 964: Außen Evolution, innen Revolution

Es gibt wohl keinen Porsche-Designer, den man nicht kennt. Schon gar keinen, der eine Elfer-Generation zeichnete. Aber es gibt welche, die bekannter sind als andere. Zu den weniger Bekannten dürfte wohl Benjamin Dimson zählen, unter Chefdesigner Anatole Lapine der Stilist des Porsche 911 Typ 964, des Nachfolgers des G-Modells. Obendrein kommt er aus einem Land, das mit vielem in Verbindung gebracht wird. Aber mit Autos oder gar Autodesign konnotiert man die Philippinen wahrlich nicht – allenfalls mit den Jeepney-Sammeltaxis. Dorther kommt Dimson, dort hat er studiert. Und dann kam er mit Talent, Verstand und dem unbändigen Verlangen, erfolgreich zu sein, nach Deutschland – erst zu Porsche, dann zu Daimler-Benz. Und das Cockpit des Airbus A320 entwarf er auch.

Zunächst gewann Dimson den Porsche-internen Wettbewerb um die Evolution des 928, den 928 S4, und damit auch das Wohlwollen Anatole Lapines, sein Chef und gleichzeitig der absolute Porsche-Design-Guru. In dieser Folge und unter

2023 wird 60 Jahre 911 gefeiert. Vor 30 Jahren erschien das Jubiläumsmodell »30 Jahre 911«, ein Carrera 4 mit breiter Turbo-Karosserie, aber ohne Turbo-Heckspoiler.

Mit den neuen Stoßfängern konnten sich Elfer-Puristen anfangs nicht anfreunden. Heute sind sie damit längst versöhnt. Denn der Typ 964 ist der letzte Elfer, der die Silhouette mit seinem Urahn teilt. Carrera 2 des Modelljahrs 1992.

dieser ehrenvollen Förderung entwarf Dimson das Exterieur des 959 und des 944 Turbo. Und dann den neuen Elfer, den Typ 964. Ein großartiger Job, aber auch ein elender Spagat. Denn Dimson musste sich der Ikone evolutionär nähern und damit gegen die heißesten und aktuellsten Designtrends der Mitbewerber bestehen. Es gelang ihm, er meisterte die Herausforderung, er modifizierte das automobile Heiligtum, ohne es vom Sockel zu stürzen und ohne, von den fanatischen Elfer-Afficionados gegrillt zu werden – wenngleich diese natürlich nicht müde wurden, Dimsons neue Stoßfänger zu kritisieren. Der Typ 964 ist der letzte Elfer, der Elfer pur ist. In den 80ern arbeitete Dimson für Porsche, und als sein wichtigstes Kind, der 964, vom Band rollte, wechselte er zu Daimler-Benz. Erste dortige Aufgabe war das Styling des W 124 Cabriolets, dann in Übersee im Mercedes-US-Designcenter in Irvine/California, zu dessen Leiter er aufstieg. 2015 machte er sich selbständig und arbeitet unter anderem für Ruf Automobile im Allgäu und somit wieder am Porsche 911.

Von den Stoßfängern abgesehen und rein auf die Optik bezogen: Der 964 war ein modifiziertes G-Modell mit neuen Felgen. Im Bild ein 1991er Carrera 4.

Optisch war der 964er auf den ersten Blick erneut ein Facelift, wie 16 Jahre zuvor das G-Modell, und zwar vorne und hinten. Das täuschte: 87 Prozent der Teile waren neu. Also ein neues Auto, ein anderer Elfer, eine neue Generation, obendrein der windschlüpfrigste 911 bis dato. Es blieb bei der gut etablierten Verkaufsbezeichnung »Porsche 911«, intern hieß er »Porsche 964« und wurde von Herbst 1988 (K-Programm) bis Herbst 1993 (P-Programm) gebaut; auf der IAA 1993 stand der Nachfolger, der Typ 993. Fünf Jahre sind keine lange Zeit für eine Elfer-Generation. Der Ur-Elfer lebte neun Jahre, das G-Modell sogar 16. Doch durch den 964 wurde der Heckmotor-Porsche so richtig modern, dieser Generationenwechsel war der größte Modernitätsschub, den Porsche dem Elfer seit seiner Geburt angedeihen ließ. Denn letztlich blieben nur die Silhouette und das Layout gleich, natürlich auch der Spirit, den der Porsche 911 ausstrahlte. Aber die Technik war nahezu komplett neu, vor allem das Fahrwerk. Überspitzt ausgedrückt: Erst der 964 emanzipierte den Porsche 911 völlig vom Volkswagen Käfer. Also außen Evolution, innen Revolution.

Die wesentlich verbesserte Aerodynamik rührte von umfangreichen Karosseriemodifikationen her: Bug- und Heckschürze weich geformt und aus Kunststoff bestehend, ebenso Schwellerverkleidungen und neu geformte Regenrinnen an der A-Säule, dazu der völlig glattflächig verkleidete Unterboden. Eine kleine Sensation war der ab Tempo 80 automatisch ausfahrbare Heckspoiler, der, einmal aufgerichtet, auch bei niedrigeren Geschwindigkeiten in seiner Position bleibt und erst bei Schritttempo wieder einfährt (damit war Porsche aber nicht der Erste, ein paar Monate früher kam der VW Corrado mit demselben Gimmick). Der glatte Unterboden entstand, weil der Porsche 911 ein komplett neues Fahrwerk bekam und mit Allradantrieb ausgestattet wurde. Die ersten Porsche 911 Typ 964 des Modelljahrs 1989 waren ausschließlich allradgetriebene Carrera 4 als Coupé. Die anderen Elfer-Typen dieses Jahrgangs waren noch Vertreter der vorigen Generation, also des G-Modells.

Antrieb ist ein völlig neu konstruierter Sechszylinder-Boxermotor mit Doppelzündung (also zwei Zündkerzen pro Brennraum), nach wie vor luftgekühlt, mit 250 PS aus genau

3600 cm³. Ebenfalls neu war die Abgasanlage, nunmehr ein Einzelendrohr rechts. Fünfgang-Schaltung und permanenter Allradantrieb, elektronisch gesteuert, im Normalfall 31 % der Kraft auf die Vorder- und 69 % auf die Hinterräder, aber je nach Fahrsituation variabel (eine vereinfachte Version der Allradtechnik aus dem Porsche 959). Die Sperren können auch von Hand via Drehknopf aktiviert werden. Dazu kommt ein vollkommen neues Leichtmetall-Fahrwerk: Vorne nun MacPherson-Federbeine und Schraubenfedern (keine Drehstabfederung mehr), negativer Lenkrollradius, hinten ebenfalls Schraubenfedern. Das war eine radikale Abkehr vom Porsche-Prinzip, denn Ferdinand Porsche war ein absoluter Verfechter der Drehstabfederung, er war der Erfinder des Prinzips und meldete es 1931 zum Patent an. All seine und seines Sohnes Konstruktionen trugen Drehstabfederung, Käfer, Porsche 356 und 911, auch die Rennsportwagen. Zum neuen Fahrwerk gehörte, damals zwar nicht mehr progressiv, aber immerhin modern, ein Antiblockiersystem. Und dann gibt es auch noch eine Servolenkung. Airbags zunächst aufpreispflichtig. Innen eher Evolution als Revolution, aber die vom Porsche 944 geerbte Heizung spricht sehr schnell an und macht mollig warm, womit eine (ebenfalls Käfer-typische) Schwachstelle des bisherigen Elfers ausgemerzt wurde. Dies alles geschah, um den Elfer moderner, aber auch komfortabler zu machen, weil er Ende der 80er Jahre eine andere Klientel als zuvor ansprach: Nicht mehr den radikalen Sportfahrer. Vielleicht schon noch ihn, aber er war älter geworden und wünschte ganz einfach mehr Komfort. Die Fahrleistungen waren weit besser als beim Vorgänger, der Aerodynamik war dies geschuldet. Ein Carrera 4 mit seinen 250 PS ist dem 930 Turbo ebenbürtig, der dafür 300 Pferde benötigte. Beide sind gleich schnell (260 km/h), und beim klassischen Spurt auf Tempo 100 schlägt der Turbo den Carrera 4 um gerade mal fünf Zehntel. Um diese Aerodynamik-Meriten richtig wertzuschätzen, muss man auch noch berücksichtigen, dass der 964, wegen zusätzlicher Technik- und Komfortfeatures, gewichtsmäßig ganz schön zugelegt hatte gegenüber dem Vorgänger: Leergewicht Carrera 3.2 G-Modell 1210 Kilo/Turbo G-Modell 1335 Kilo gegenüber 1450 Kilo beim Carrera 4 Typ 964. Erst der abgespeckte Carrera RS kam gewichtsmäßig wieder in die Nähe des G-Modells, er wiegt 1320 Kilo leer.

Der ausfahrbare Heckspoiler war ein Gimmick und ein Gag. Man sprach darüber. Man bewunderte die neue Technik. Aber, Hand aufs Herz: Sieht der Spoiler in ausgefahrenem Zustand gut aus? Carrera 2 von 1990.

Im ersten Modelljahr 1989 gab es den Typ 964 also nur als allradgetriebenes Coupé, den Carrera 4, und alle anderen Elfer waren noch G-Modelle. Zum Modelljahr 1990 starb das G-Modell, der 964 übernahm das Ruder und wurde zur kompletten Modellfamilie. Nur auf einen Turbo mussten die Elfer-Enthusiasten ein Jahr lang komplett verzichten. Porsche offerierte nun drei Karosserieformen, Coupé, Targa und Cabriolet, als allradgetriebenen Carrera 4 und als heckgetriebenen Carrera 2, letzteren auch mit automatischem Getriebe Tiptronic (nachdem es seit 1980 die Halbautomatik namens Sportomatic nicht mehr gegeben hatte). Die Besonderheit der Tiptronic ist, dass sie neben der bekannten Art des automatischen Fahrstufenwechsels auch das »sportliche« Selbstschalten ermöglicht. Denn es gibt eine zweite, rechts angelegte Schaltgasse, in welcher der Wählhebel manuell nach vorne oder hinten bewegt werden kann. Zur Verdeutlichung: Ein herkömmliches Automatikgetriebe kann natürlich auch per manuellem Eingreifen beeinflusst werden. Dennoch schaltet die »normale« Automatik dann, wenn sie es für richtig hält. Die Tiptronic hingegen reagiert spontan beim Hoch- und Rückschalten, sobald der Fahrer den Wählhebel antippt (nomen est omen). Die Tiptronic basierte auf dem Doppelkupplungsgetriebe des Rennsporttyps 962, die der Vorreiter aller folgenden automatischen Rennsportgetriebe war. Der Unterschied zwischen Carrera 4 und 2 besteht weitgehend aus dem Antriebslayout, aber es gibt weitere Unterschiede, beispielsweise die Bremsanlage. Der Heckspoiler konnte nun manuell aus- und eingefahren werden.

Das Modelljahr 1991 stand im Zeichen des Turbo, zunächst 3,3 Liter und 320 PS, ab 1993 3,6 Liter und 360 PS. Der Turbo war, wie es seine Anhänger erwarteten, turbobreit, Bug- und Heckschürze sowie Schwellerblenden individuell, natürlich ein riesiger Heckspoiler, schwarz umrandet, ovale Cup-Außenspiegel (durch die der Fahrer keine gute Rücksicht hat). Der erste Turbo-Motor basiert auf dem bisherigen 3299-cm³-Aggregat aus dem 930, nunmehr 20 PS stärker, rechts und links je ein Auspuffendrohr, Sperrdifferenzial serienmäßig, Fahrwerk weitgehend vom Carrera 2, straffer ab-

Leichtgewicht mit magischer Typbezeichnung: Carrera RS von 1992 mit spezifischem Mittelteil der Bugschürze. Etliche Kilo weniger und zehn PS mehr.

Noch mit den ursprünglichen Rückspiegeln: Carrera Cabriolet des Modelljahrs 1990 mit Sonne im Herzen und Fahrtwind im Haar.

gestimmt, 17-Zoll-Alus im Cup-Design, bessere Serienausstattung als Carrera. Porsche-Enthusiasten sahen in diesem Turbo einen Kompromiss, zu schwer, zu langsam, zu weich abgestimmt, zwar ein originärer, aber kein neuer Motor. Versöhnt wurden sie ab März 1992 mit dem Turbo S.

Die ovalen Cup-Spiegel erbte der Carrera zum Modelljahr 1992, ebenso die Cup-Alus, allerdings als 16-Zöller, auch in 17 Zoll lieferbar. Porsche-Exclusive bot werksseitige Leistungssteigerungen für den Turbo auf 355 PS an, sechs Turbo-Cabriolets entstanden. Gleichzeitig gab es das Carrera 2 Cabriolet im Turbo-Look. Neu war der nur als Coupé lieferbare Carrera RS, eine geradezu magische Typbezeichnung. Absolutes Leichtgewicht mit Fronthaube aus Alu, Dünnglas, keine Servolenkung, keine Rücksitzbank, keine Airbags, weniger Dämmung, nicht mal Unterbodenschutz, dazu nachträglich manuell eingeschweißte Karosserieversteifungen. Die Bugschürze trägt ein individuelles RS-Mittelteil, die Nebelscheinwerfer wurden durch transparente Plastikblenden ersetzt. Modifizierter Carrera-Motor mit 260 PS, Sperrdifferenzial, anders abgestuftes Getriebe, hartes, nahezu ungefedertes Fahrwerk (40 mm tiefer), vorne Turbo-, hinten Cup-Carrera-Bremsen, Magnesiumfelgen. Der Innenraum wurde auf radikale Sportlichkeit getrimmt, kein Komfort außer Lederbezug für die Schalensitze. Der Kunde konnte je nach Anforderungen aus drei Carrera-RS-Versionen wählen: Basis sonder jeglichem Komfort, Touring mit zumindest elektrischen Fensterhebern sowie N/GT-Version als Basis für den Rennsport mit ausgeräumtem Innenraum und Käfig, der N/GT ohne Straßenzulassung. Der Carrera RS war Elfer pur, war in den vernunftorientierten 90ern zwar alles andere als zeitgemäß, bereitete aber das urwüchsige Vergnügen einer reinrassigen Fahrmaschine. Auto-Motor-Sport-Tester Götz Leyrer schrieb Ende 1991 vom »reißenden Tier«, dem »unerbittlichen Schub« und von »einem Motorgebrüll, dessen aggressive Tonlage nur der luftgekühlte Porsche-Schszylinder zuwege bringt« – aber Leyrer verwendet auch das Wort »pubertär« für den Carrera RS.

Das 1992er Carrera 4 Cabriolet im Turbo-Look mit Cup-Alus und Cup-Rückspiegeln. Aber keinen Cup-Holdern. In der Mittelkonsole befindet sich eine Musikkassetten-Box, heute ziemlich überflüssig. Externe Zubehörhersteller ersetzten das Teil durch einen Cup-Holder für Flüssiges.

Das Topmodell stellte der Turbo S dar, auf dem Genfer Salon im März 1992 präsentiert, 180 Kilo leichter als der Turbo analog zur Abspeckkur des Carrera RS. Äußere Kennzeichen: seitliche Lufteinlässe vor den Hinterrädern, einfarbiger, etwas flacherer Heckflügel, Lufteinlässe in der Bugschürze statt Nebelscheinwerfern, RS-Heckmittelteil. Beim Turbo S bestehen nicht einzelne Karosserieteile aus Alu, sondern Vorderhaube und Türen aus kohlefaserverstärktem Kunststoff. 40mm tiefer und sehr hart abgestimmt, wie der Carrera RS. Das optische Maß aller Dinge sind die dreiteiligen Speedline-18-Zoll-Alus mit gelochten Bremsscheiben und deutlich sichtbaren, roten Zangen. Nach wie vor der 3,3-Liter-Motor, nunmehr 381 PS. 86 Glückliche kamen in den Genuss dieses Kampfjets, der sie in 4,6 Sekunden auf Tempo 100 katapultierte und mit 290 km/h befördern konnte. Und mit dem Turbo S kam auch die legendäre Farbe Speedgelb ins Porsche-Programm (die bis heute die Sättel der Porsche-Keramikbremsen bedeckt). Speedgelb 12H sieht sportlich und sexy aus, die US-Fans bezeichnen den Ton als »The Best of the Porsche Yellows«, und es gibt mittlerweile, auch in Europa, Porsche-Treffen für Fahrzeuge ausschließlich in Speedgelb. Das ist zur wahrhaftigen Porsche-Kultfarbe geworden.

Im letzten Modelljahr 1993 erlebte der kurzlebige Porsche 964 nochmals einige Änderungen und sogar eine Karosserie-Programmerweiterung. Die Nordamerikaner, denen aus zulassungstechnischen Gründen der Erwerb des Carrera RS verwehrt war, kamen in den Genuss ihrer eigenen Version, des 911 RS America. »Limited Edition« und »Performance« – das gefällt den Amerikanern, und so erhielten sie von Porsche exklusiv quasi eine Wiedergutmachung, denn der ursprüngliche 911 Carrera RS 2,7 von 1973, der mit dem Entenbürzel, war ihnen vorenthalten worden – und der Carrera RS 3,8 Typ 964 mit 300 PS ebenfalls. Der RS America basierte auf dem europäischen 911 Carrera 2 mit 247 PS und wurde in 701 Exemplaren gebaut, etwas abgespeckte Karosserie (ohne Rücksitzbank, keine Servolenkung, kein Tempomat), Sportfahrwerk, einige Turbo-Teile, darunter die 17-Zoll-Cup-Felgen. Besonders »cool« der »Whale Spoiler«, der vom 911 Carrera 3,2, dem G-Modell, bekannt war. Heckschriftzug »RS America«, dazu »RS«-Embleme hinter den Türen und selbstverständlich US-Spezifikationen. Offiziell gab es den RS America ausschließlich in fünf Farben, Schwarz, Grandprixweiß, Indischrot, Polarsilbermetallic und Nachtblaumetallic, aber Sonderwünsche realisierte Porsche schon immer gerne.

Sodann kam der Speedster wieder, die vierte Karosserieversion in einer Kleinserie von nur 930 Exemplaren, basierend auf dem Carrera 2 Cabriolet. Er lehnte sich optisch an den G-Modell-Speedster an, hatte also wieder die Kunststoffabdeckung mit den markanten »Höckern«, doch die niedrige Windschutzscheibe war nun Karosseriebestandteil und somit nicht mehr abnehmbar. Innen bewegte sich der Speedster eher auf Carrera-RS-Niveau, 17-Zoll-Cup-Felgen in Karosseriefarbe bei uni-lackierten Modellen, in Silber bei Metalliclacken und Schwarz. Rund 15 Speedster entstanden im breiten Turbo-Look.

Der aus dem Carrera-Cup bekannte 3,6-Liter-Motor war nun ausgereift genug, dass er auch in einem Serienfahrzeug verbaut werden konnte, und so erhielt der 964 Turbo in seinem letzten Modelljahr einen neuen Motor, 3600 cm³ mit 360 PS, verbesserte Bremsen, die roten Bremssättel vom Turbo S, modifiziertes Fahrwerk (20 mm tiefer), dieselben Speedline-Alus wie der Turbo S. Optisch kaum Unterschiede zum Vorgänger, der neue Turbo bekam das RS-Mittelteil in die Heckschürze implantiert. Die bisherigen Modelle Turbo und Turbo S mit 3,3 Litern waren nicht mehr erhältlich; und damit verfügten alle Elfer über 3,6 Liter Hubraum. Alle Porsche 964 erhielten im letzten Modelljahr eine von außen sichtbare, an der A-Säule angebrachte Fahrgestellnummer. Das war in den USA seit Jahren Pflicht. Porsche realisierte dies nun an allen Modellen, zur Sicherheit gegen Diebstahl. Jeder Polizist konnte nun auf den ersten Blick erkennen, welche Fahrzeug-Identifikationsnummer der Elfer trug, der am Straßenrand parkte.

Als ein Targa noch nach Targa aussah: 1991er Typ 964. Der Nachfolge-Targa Typ 993 war ein Coupé mit Glasdach, das sich in offenem Zustand nach hinten unter die Heckscheibe verzieht. Modern zwar, aber völlig charmebefreit.

30 Jahre 911 feierte Porsche 1993 mit einem Carrera-4-Sondermodell, landläufig gerne als »Jubiläumsmodell« bezeichnet, aber 30 Jahre sind nun mal kein Jubiläum (auch wenn man noch so jubeln oder jubilieren mag), sondern ein runder Geburtstag. Der Spezial-Elfer trug die breite Turbo-Karosserie, dazu jedoch den kleinen, ausfahrbaren Carrera-Heckspoiler, lieferbar in drei Farben, zwei davon aus dem Standard-Programm (Amethystmetallic und Polarsilber), eine exklusiv, nämlich Violametallic, Innenausstattung Leder in Rubicongrau. Die Auflage betrug sinnigerweise 911 Exemplare (so wurde es offiziell korrespondiert, tatsächlich waren es 894 Stück), und jedes trug eine individuelle, durchnummerierte Plakette auf der Heckablage. Der Heckschriftzug lautete »911 30 Jahre«.

Eine weitere Kleinserie ist der 911 Carrera RS 3,8 und RSR 3,8 (dieser für den ADAC GT Cup), 90 Exemplare im Jahre 1993, in Handarbeit in der Rennsportabteilung entstanden. Karosserie des Coupés im Turbolook, Doppel-Heckflügel, Spoilerecken vorne, dazu die dreiteiligen Speedline-Alus, Aluminiumtüren und -vorderhaube, Dünnglas, innen minimalistisch ausgestattet, mit Leder bezogene Schalensitze, Bremsen mit roten Zangen. Fünf Farben wurden angeboten, Speedgelb, Indischrot, Schwarz, Grandprixweiß und Maritimblau. Das Besondere an ihm war der neue Motor, 300 PS aus 3746 cm³ (was eigentlich abgerundet und nicht aufgerundet werden sollte, also wäre die Bezeichnung »3,7« zutreffender als »3,8«). Der RSR 3,8, nochmals leichter, brachte es auf bis zu 350 PS, Fahrwerk und Bremsen vom Turbo S.

Erneut bot Porsche auf Sonderwunsch Flatnose-Modelle an, gefertigt von Porsche-Exclusive. 76 Stück entstanden mit den ausklappbaren Scheinwerfern des 968, veränderte Bugschürze mit maximalen Lufteinlässen, modifizierter Heckspoiler, Luftschächte vor den Hinterrädern wie beim Turbo S, der Motor auf 385 PS getrimmt.

Der Porsche 911 Typ 964 wurde 63.750 Mal gebaut. Start war mit dem Carrera 4 im Januar 1989. Er und der Carrera 2

Das volle Programm: Der 964 ist, zumindest optisch, eindeutig ein gebürtiger Ur-Elfer, eben mit neuen Stoßfängern und Schwellerverkleidungen. Dass dies allradgetriebene Carrera 4 sind, dass der Wagen ein komplett neues Fahrwerk hat – das sieht man von außen nicht.

Mit 3,3 Litern und 320 PS wurde der Typ 964 Turbo 1991 geboren, turbobreit und wohl beflügelt. Die Enthusiasten waren zunächst enttäuscht – bis 1993 der Turbo S mit neuem Motor kam.

als Coupé wurden bis Juli 1993 hergestellt. Die weiteren Modelle, Cabriolet, Speedster, Turbo 3,6 und das 30-Jahre-Geburtstagsmodell, liefen bis Januar 1994 vom Band. Dann begann eine neue Ära, denn zum ersten Mal in seiner Geschichte wurde der Porsche 911 optisch grundlegend verändert (Design Harm Lagaay). Immerhin behielt diese Generation (Typ 993) noch den luftgekühlten Boxermotor. Auch wenn die Stoßstangen des 964 nicht jedermanns Geschmack waren und Elfer-Puristen sie als zu klobig verpönten, so versöhnte der Lagaay-Elfer (von Spöttern »Lenor-Porsche« genannt) mit dem 964. Plötzlich mochten ihn die 911-Afficionados, weil sie in ihm den letzten »echten« Elfer sahen, den letzten, dessen Karosseriegrundzüge auf den Ur-Elfer zurück gehen, auf Butzi Porsches Design. Deshalb und auch wegen der nur kurzen Bauzeit ist der Porsche 964 ein beliebter Klassiker, gerade ein Carrera RS wird heute fast vergoldet. Und er ist modern genug, sich auch heute wie ein modernes Auto zu fahren. Eigentlich ein idealer Elfer.

Der schönste Arbeitsplatz der Welt? Porsche 964 Cabriolet der Rijkspolitie. Die Beamten mussten bei Außentemperaturen bis fast zum Gefrierpunkt offen fahren und trugen stets einen Helm.

Oranje-Boom in Zuffenhausen

Die »Surveillancegroep Autosnelwegen« (SAS), also die Autobahn-Spezialeinheit der niederländischen Rijkspolitie, sorgte jahrzehntelang auf den Autobahnen für Ruhe und Ordnung – im Porsche 911, und zuletzt auch im Typ 964, der für rasante Patrouillen hergenommen wurde. Offen musste der Porsche sein, stets offen, im 356 bereits, dann als Targa in der Ära des Ur-Elfers und G-Modells, zuletzt wieder offen zu Zeiten des 964, der aber auch als Targa angeschafft wurde. Warum: Die niederländische Rijkspolitie forderte von einem Autobahnstreifenwagen, dass der Polizist aufstehen konnte, um stehend und gut sichtbar den Verkehr zu regeln. Bis zum Ende der Generation 964 hatte die niederländische Autobahnpolizei insgesamt 507

Porsche, auch 914er und 924er mit speziellem T-Dach – der allerdings nur als Prototyp, denn der Targa-Umbau wäre so teuer geworden, dass jeder Kassenwart streikte. Im Jahre 1996 entstieg der letzte dortige Verkehrspolizist seinem Porsche, einem 964 Carrara 2 mit dem Rufzeichen Alex-92. Sie mussten hart sein, die Porsche-Polizisten in den Niederlanden. Sie mussten für ihren attraktiven Arbeitsplatz einiges erdulden. Denn die Vorschrift besagte, dass bis zu einer Außentemperatur von 2 ° Celsius offen gefahren werden musste. Bei der SAS ist der Porsche seit 1996 Geschichte, die belgische Gendarmerie fährt auch keine Elfer mehr, Österreich hat seine Porsche-Flotte drastisch reduziert. Aber in Deutschland sind durchaus noch aktuelle Polizei-Porsche unterwegs. Wobei heute die meisten Supersportwagen in Polizei-Diensten eher PR-Gags als tatsächliche Streifenwagen sind (von Dubai mal abgesehen). Denn seit rund 25 Jahren können leistungsstarke und unauffällige Mercedes-, Audi- und BMW-Kombis auf Autobahnen mit Temposünder-Sportwagen durchaus mithalten. Und das ist auch der Grund, warum die SAS nach 1996 keine Lieferungen aus Zuffenhausen mehr bezogen hat. Die Autobahn-Polizei setzte übrigens nicht nur Porsche ein, auch in Alfa-Romeo Spider »Duetto« hatte man sie

Anhang

Technische Daten

Porsche 911 Urelfer-Preise in D-Mark						
	912	911 T	911 (L)	911 E	911 S	Carrera RS
September 64			21.900			
April 65	16.250		21.900			
August 65	17.600		22.900			
August 66	17.600		21.000		24.500	
August 67	17.000	19.000	21.000		24.500	
August 68	17.540	19.970		24.700	26.920	
August 69		19.970		24.975	27.140	
Februar 70		21.980		26.980	29.980	
August 71		22.980		25.980	30.680	
August 72		23.480		27.775	31.500	
Oktober 72		23.480		27.775	31.500	35.500
Februar 73		24.480		28.780	32.480	36.500

Aufpreis für Targaversion: ab August 1967 + 1400, ab August 1968 + 1780, ab August 1969 + 1950, ab Februar 1970 + 2220.

Typische 60er-Jahre-Tankstelle mit breitem Zapfstellenbereich und V-förmigem Schmetterlingsdach mit mittlerer Abstützung. Ein Porsche 911 bekommt Luft. Zuvor hatte er Shell bekommen.

Porsche 911 G-Modell-Preise in D-Mark

	911 2.7	911 S 2.7	911 Carrera 2.7	911 Carrera 3.0	911 SC 3.0	911 SC 3.0 Targa	911 SC 3.0 Cabriolet	911 Carrera 3.2	911 Carrera 3.2 Targa	911 Carrera 3.2 Cabriolet	911 Turbo 3.0	911 Turbo 3.3	911 Turbo 3.3 Cabriolet
Aug. 73	27000	31000	38000										
März 74	29250	32950	39950										
Aug. 74	29950	33450	40950										
Jan. 75	32350	36130	44230								65800		
Sep. 75	34350			44950							66450		
Feb. 76	35750			46350							67850		
Aug. 76	35950			46350							67850		
Feb. 77	37300			47700							70000		
Juni 77					39900	42700						78500	
Jan. 78					41850	44790						79900	
Juli 78					42950	45890						79900	
Aug. 79					46950	49650						82950	
April 80					48750	51750						85950	
Feb. 81					51350	54350						88450	
Sep. 81					51850	54850						88900	
Jan. 82					53600	56700						92800	
Aug. 82					55690	58910	64500					96400	
März 83					57300	60620	64500					99800	
Juli 83					57875	61225	65145					100800	
Aug. 83								61950	64950	68900		102000	
Feb. 84								63950	67050	71200		105300	
Sep. 84								66950	69980	74200		111000	
Feb. 85								70610	73710	78030		114000	
Aug. 85								74190	78190	84190		119000	
Feb. 86								73500	77500	83500		119000	
Aug. 86								76825	80225	86225		125000	
Feb. 87								76825	80225	85225		125000	145000
April 87								78455	82445	88455		127850	147850
Aug. 87								82075	86175	92375		131000	152000
April 88								83575	87775	94075		133500	155000
Aug. 88								85275	89575	95775		135000	156500
April 89								87575	92075	98375		138800	160900

Die Preis verstehen sich für die Grundausstattung in D-Mark inklusive Mehrwertsteuer: 11 % bis Dezember 1977, 12 % bis Juni 1979, 13 % bis Juni 1983, danach 14 %.
Während der ersten Jahre bis 1977 kostete der Targa zwischen 2000 und 2500 DM mehr als das Coupé.
Ab Februar 1985 hatten alle Porsche einen Katalysator. Im Februar 1986 wurde der Porsche 911 SC billiger als zuvor angeboten (um danach weiter im Preis zu steigen).

Porsche 911 G-Modell-Preise in D-Mark

911 Carrera 4 Coupé	911 Carrera 4 Cabriolet	911 Carrera 4 Targa	911 Carrera Jubiläums-Coupé	911 Carrera 2 Coupé	911 Carrera 2 Cabriolet	911 Carrera 2 Targa	911 Carrera 2 Speedster	911 Turbo 3,3 Coupé	911 Turbo 3,6 Coupé	911 Carrera RS Coupé
116.600	131.100	121.800		103.500	118.000	108.700				
122.600	137.705	128.040		108.920	124.025	114.360		178.500		
126.100	141.205	131.540		112.420	127.525	117.860		183.600		
129.450	145.100	135.100		116.800	132.450	122.450		190.250		145.450
135.550	151.950	141.460		122.340	138.740	128.250	131.500	191.550		
137.740	153.283	142.701	145.900	124.413	139.957	129.375	131.500		204.000	
		146.000	145.900	125.760	142.620	129.375	134.000		207.880	
		151.190			142.620					

Fahrzeug: Porsche 911 SC, Baujahr 1982

www.motor-klassik.de